看圖讀懂

図解でわかる 半導体製造装置

半導體
製造裝置

菊地正典 ————— 監修
清華大學動力機械工程學系教授
羅丞曜 ————— 審訂
張萍 ————— 譯

前言

你我的生活每天都被各式各樣的電子產品包圍著。不論是家庭、職場，甚至連在移動行進中都無法和電子產品分離。

若要具體舉出一些例子，像是電腦、數位電視、DVD 放映機、手機、PDA（隨身資訊處理器）、數位相機、導航系統等。這些電子產品，都已經具備了各種具有特色的智慧型（Intelligent）功能，而能產生這些產品的卻是「半導體」。

因此半導體儼然成為支援現代資訊化社會不可或缺的核心要素，幾乎可以稱作是「產業的米糧、原油」。

但半導體是如何製造而成的呢？本書就是為了回答這個問題，希望能讓各位讀者更進一步了解其中具體內容而出版。

本書針對製造半導體所須具備的裝置——也就是「半導體製造裝置」——做一解說。雖然只是「半導體製造裝置」簡短幾個字，事實上卻包含各式各樣的東西在其中。本書與其說是網羅所有資料，倒不如說是從實踐的觀點來解說這非常重要的代表性裝置。

此外，也希望讓讀者們儘可能系統性的深入理解半導體製造裝置。因此，本書明確介紹半導體製程的流程，以及與各個製程中所使用的製造裝置間之關聯性，藉此來說明其整體架構。

具體來說，首先在第 1 章即概要介紹半導體所有製程，同時說明製程與製造裝置間的關係。接著第 2 章～第 5 章則是從幾個製程所彙集之半導體製程群中，再細分其中的製程項目，依序個別說明其中所使用的代表性裝置、構造、動作原理、性能等。

以半導體與半導體製造裝置為代表的高科技產品，目前仍是我國在國際間競爭力很強的產業。希望藉由本書，除了讓讀者獲取一些半導體製造裝置相關知識外，若能多增加一位未來有志投入此一領域的人才，對我們作者群來說，就相當喜出望外了。

第4章 後段製程（切割～接合）之主要製程與裝置

第 1 章

半導體製程概觀

前段製程與後段製程

前段製程安裝元件與配線；後段製程進行封裝、選別、測試等

半導體（LSI）製程大致可分為「**前段製程**」與「**後段製程**」。「前段製程」的目的是為了要在矽晶圓板上置入電晶體等元件與配線，因此必須按照程序經過幾種不同形式的製程，亦稱為「**擴散製程**」。

另一方面，「後段製程」則是將已完成的矽晶圓板切割為 **LSI 晶片**，取出其中品質好的晶片，並實際箝入裝置後，再由將金屬端與 LSI 晶片鏈結的「**封裝製程**」以及電路檢查和外觀檢查的「**選別製程**」、「**測試製程**」所組成。

「前段製程」與「後段製程」之間，可藉由「**晶圓電路檢查製程**」就針對已製造完成的晶圓，晶圓上的 LSI 晶片進行電路狀況檢查，以判定迴路動作是否正確、成品品質良莠與否。

1. 前段製程概要

以下就讓我們簡單針對各個製程來概要說明前段製程（圖 1-A）。擴散製程中總共有 400 ～ 500 個流程，隨著不斷追求高性能及配線多層化的趨勢，製程數量還有一年比一年逐漸增加的趨勢。

主要的製程，包括用來形成絕緣膜與金屬層的**薄形成膜**製程、形成光阻電路圖的**微影**（**Photolithography**）製程、使用光阻劑的膜加工**蝕刻**製程、在矽晶圓板上形成導電層的**雜質摻雜**製程、用來研磨不平滑薄膜表面使其平坦的 **CMP** 製程（**化學機械研磨**）等。

其他還有清除晶圓髒汙及雜質的**洗淨**製程、確認完成形式與電路檢查的**檢驗**製程、去除使用後光阻劑的**光阻劑剝離**製程、晶圓加熱之**退火處理**製程。前段製程就是反覆進行上述各項製程，以便能在製程組合後產生 LSI。

在前段製程方面可再大致區分為：製造電晶體元件的 **FEOL**（Front End of Line）前段製程（元件成型製程），以及電晶體元件間金屬配線連接的 **BEOL**（Back End of Line）後段製程（配線成型製程）。

在晶圓電路檢查製程中，會逐個檢查晶圓上許多 LSI 晶片迴路動作是否正常，以判定晶片良莠，並在不良的晶片上標註記號。

●圖 1-A 前段製程流程

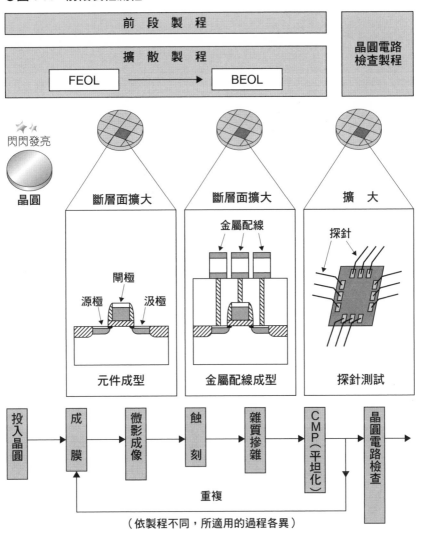

2. 後段製程概要

後段製程，首先會在晶圓**背部研磨**製程中，研磨整個晶圓背部，使其變薄，以成為平滑的矽晶表面。

接著，在**切割**製程中，則會將原本晶圓上所裝置的 LSI 迴路晶片逐一切割成個別的晶片。由於經過前述的晶圓電路檢查後，劣質晶片已經被標記出來了，因此僅會取出優質的晶片。經過切割製程後，就進入封裝製程，在此我們可以列舉一些具有代表性的**塑模封裝**為例說明。

藉由**黏晶**（Die Bonding）製程（亦稱之為**固定**（Mount）製程），我們可以將優質的晶片黏著固定於導線架中央的晶片架（Island），再

●圖1-B　後段製程流程

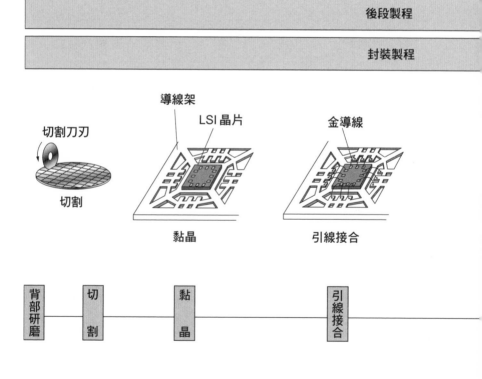

透過**引線接合**製程，以金導線將晶片上的金屬**電極銲墊**（Bonding Pad，或稱電極銲線墊）與**導線架**的金屬導線依序連接，並接續電路。

緊接著在**封膠**製程中以壓模樹脂覆蓋住晶片與金導線。並在進行**導線金屬鍍膜**製程時，將導線架上尚未被壓模樹脂覆蓋到的導線進行金屬鍍膜。如此一來，我們就可以在**導線加工**製程中切斷輔助用的聯結桿（切斷聯結桿），讓導線成為一個固定的形狀（導線成形）。最後，在**標印**製程中，於晶片上標印壓模樹脂的品名等資訊即可。經過上述的過程，雖然LSI晶片已經算是大功告成了，但是還必須經過電路檢查、預燒（Burn-in）等過程，確保LSI晶片品質沒問題後才得以出廠。

接下來，就讓我們依序詳細探討各個製程的內涵吧！

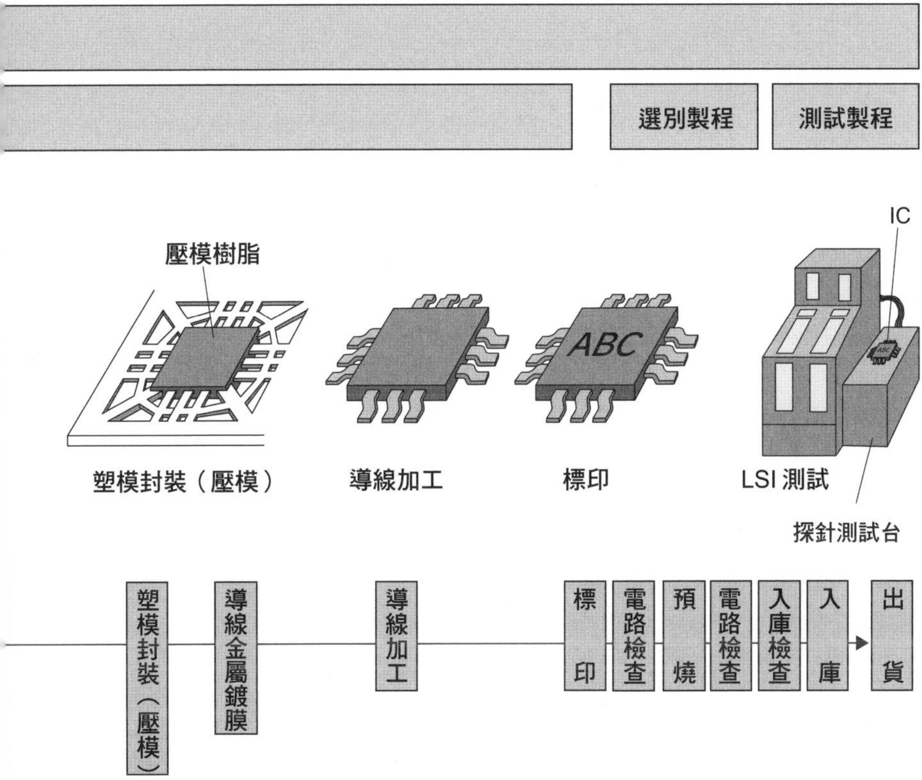

			選別製程	測試製程

壓模樹脂

塑模封裝（壓模）　　導線加工　　標印　　LSI測試

ABC

IC

探針測試台

塑模封裝（壓模）→導線金屬鍍膜→導線加工→標印→電路檢查→預燒→電路檢查→入庫檢查→入庫→出貨

讓我們先以 **CMOS** 電晶體的基本構造—— Single N-well 為例，一起來探討半導體製程。

1. 晶圓洗淨、氧化、形成絕緣膜～微影技術

首先，備妥用來作為材料的**矽晶圓（Silicon Wafer）**（圖 2-A ①）。其實一般來說，在 LSI 晶片製造工廠中並不會製造矽晶圓，而是另外購自專門的製造商。矽晶圓的形狀是圓形的薄片，雖然有各式各樣的種類，但是目前 LSI 晶片製造最普遍使用的是將單晶矽表面研磨得非常光亮（**鏡面研磨**）、直徑 200mm（8 吋）、厚度為 725 μ m（微米）的 P 型矽晶圓。晶圓的直徑亦不斷研發得更大，目前技術最尖端的生產線是製造直徑 300mm（12 吋）的晶圓。

在 LSI 製程中，我們會在晶圓上形成薄膜以及進行高溫熱處理作業，不過一般來說在進行這些處理之前，為了去除雜質及髒汙等異物，會先進行洗淨。**洗淨**製程是泛指一連串從「將晶圓浸置於酸性等溶液，溶解、去除異物後，再用純水沖洗（過水），使水分乾燥」的過程，在此若詳談下去恐將使章節過於冗長，因此就省略洗淨的部分。接下來，就依序來看半導體主要的製程吧！

首先用 900 ℃左右的高溫蒸氣，讓氧與矽進行反應（熱氧化），使晶圓表面形成**矽氧化層**（SiO_2）。之後，再於其上利用矽甲烷與氨氣的 **CVD（化學氣相沉積）**形成**矽化氮層**（Si_3N_4）（圖 2-A ②）。

為了能在晶圓上形成薄膜，必須先進行微影製程（光蝕刻）（圖 2-A ③）。具體程序如下：

⑴ 將**光阻劑**（Photoresist; Resist 感光性樹脂）滴於晶圓表面後，再高速旋轉晶圓，使其藉由旋轉塗佈方式（Spin Coating）形成厚度均勻的光阻薄膜。

⑵ 將在透明石英基板上以鉻金屬等遮光罩形成**電路圖光罩**（亦可單指「光罩」「Photomask; Mask; Reticle 網狀組織（reticulum）」裝設至**步進機（縮小型投影曝光裝置）**。**調整**（亦稱位置調整）光罩與晶圓

後，雷射光透過光罩曝光（照射）於光阻劑上，便可將光罩上的電路圖形轉印在晶圓上。欲構成電晶體的部分在 LSI 製程中就必須要經過好幾種形式，再依序形成電晶體，配合已完成之圖形後再行曝光。此外，由於光罩僅能形成一塊晶片大小的圖形，因此必須依序反覆讓每塊晶片進行對準、曝光等動作，才得以全都轉印電路圖上。

(3) 整塊晶圓於光阻劑上滴顯像液（**顯像處理**），被雷射光所照射到的光阻劑即會溶於顯像液中，而未照射到雷射光的光阻劑會因為無法溶解而有所殘留，因而形成光阻電路圖形（圖 2-A ④）。在此，雖然是以光阻劑被雷射光照射成為可溶解（**正光阻**）作為範例，但是實際上還是有光阻劑被雷射光照射後變成不可溶解而殘留下來的情形（**負光阻**）。

●圖 2-A　LSI 製程①～④

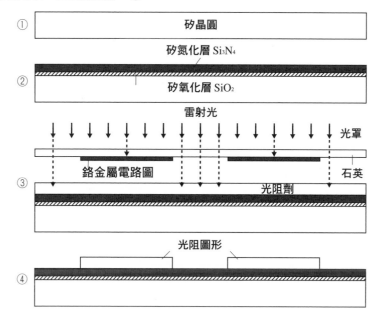

2. 絕緣區域蝕刻～閘極氧化層之形成

將光阻劑以100℃的溫度燒至定型，再用碳氟化物等物質的電漿（Plasma Gas）進行**乾式蝕刻**（Dry Etching）後，將光阻劑做為光罩，並依序除去矽氮化層與矽氧化層（圖2-B ⑤）。

接著，將矽基板上的矽晶以氯等氣體進行乾式蝕刻，並挖出STI（Shallow Trench Isolation）淺溝（圖2-B ⑥）。STI的作用在於將各個電晶體進行電路的絕緣分離。

乾式蝕刻後，我們再用氧氣電漿進行灰化後的**清洗處理**（Ashing）（圖2-B ⑦）。去除光阻劑的方法還可以用其他的溶劑，通稱**光阻剝離**技術。

接著讓晶圓在高溫蒸氣氧化中進行**熱氧化**，使其在有矽晶露出的STI內壁上形成矽氧化層薄膜（圖2-B ⑧）。

藉由矽甲烷與氧氣的CVD（化學氣相沉積）法，在晶圓表面堆積用以填滿淺溝的厚矽氧化薄膜，以形成矽氧化層（圖2-B ⑨）。

接著使用**CMP**法研磨矽氧化層，使其平坦，並將矽氧化層填入STI淺溝內（圖2-B ⑩）。

再使用熱磷酸以**濕式蝕刻**的方式去除表面殘餘的矽氮化層後，進行微影製程，隨後將N通道**MOS電晶體**之部分以光阻劑覆蓋。

在晶圓上**佈植磷**（P）**離子**，並在P通道MOS電晶體的部分形成**N-well**（N-well：N型導電層的溝底）（圖2-B ⑪）。離子雖然已經完全被佈植至晶圓上，但是由於有部分離子被光阻劑所覆蓋，因此此一動作只有將光阻劑佈植上去，離子部分並沒有辦法達到晶圓面板。如此一來，光阻劑就會成為佈植離子時的光罩。

去除殘留的光阻劑後，晶圓表面的氧化層（氧化膜）薄膜可以用「氟」以濕式蝕刻的方式去除，這時就會露出矽晶表面（圖2-B ⑫）。

我們讓晶圓在高溫狀態下進行熱氧化，使矽表面產生矽氧化層薄膜（圖2-B ⑬），因而形成**閘極氧化層**。閘極氧化層可以說是MOS電晶體的"生命"，可以用來決定其性能，由於無法使用已佈值離子的氧化層，因此全程必須是在完全乾淨的狀態下進行熱氧化的。

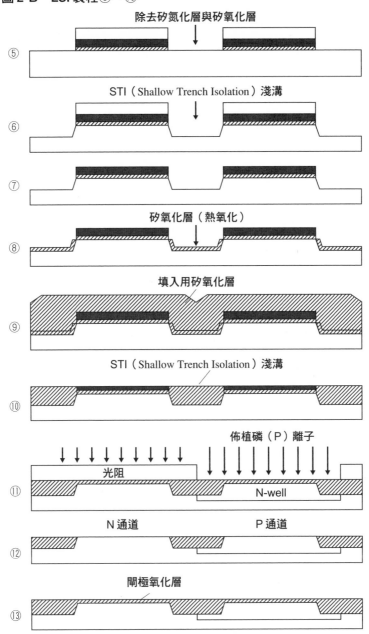

●圖 2-B　LSI 製程⑤～⑬

⑤　除去矽氮化層與矽氧化層

⑥　STI（Shallow Trench Isolation）淺溝

⑦

⑧　矽氧化層（熱氧化）

⑨　填入用矽氧化層

⑩　STI（Shallow Trench Isolation）淺溝

⑪　佈植磷（P）離子
　　光阻
　　N-well

⑫　N 通道　　P 通道

⑬　閘極氧化層

1. 形成閘極多晶矽～於 N 通道佈值源極與汲極

　　藉由 CVD 法將矽甲烷置入氮氣中進行熱分解，以形成**多晶矽**（Poly Silicon）（圖 3-A ⑭）。多晶矽會在形成 CVD 過程中，被摻雜**磷**或**砷**等 **N 型導電雜質**，或是在形成之後才會被佈植離子。

　　多晶矽會經由微影製程、蝕刻製程以及光阻剝離製程後才成形（圖 3-A ⑮）。因而成為**閘極**（Poly Silicon）。

　　進行微影製程時，會先以光阻劑覆蓋 P 通道的部分，之後再將磷離子佈值至 N 通道，以形成一個低濃度的淺 N 型導電區域（Extension）（圖 3-A ⑯）。此時，覆蓋 P 通道的光阻劑就會成為離子佈值時的光罩。N 通道的電極也能夠產生離子佈值的光罩效果，因此不需要另外於閘極的正下方佈值離子。N 型導電區域相對於通道閘極，可以用 Self-Alignment（自我對準）的方式來決定其位置。

　　光阻劑剝離後的下一個微影製程，是將 N 通道的部分用光阻劑覆蓋後佈值硼離子，以便在 P 通道部分形成一個低濃度的淺 P 型導電區域，並且相對於 P 通道閘極，以進行自我對準（圖 3-A ⑰）。

　　光阻劑剝離後，即可使用 CVD 法形成矽氧化層（圖 3-A ⑱）。

　　接著使用各向**異性蝕刻**的方法，針對整個晶圓進行蝕刻，並且僅殘留閘極側壁的矽氧化層（圖 3-A ⑲）。這就是所謂閘極的**側壁氧化層**（Side Well）。在此我們將整個晶圓進行蝕刻的製程，稱之為**逆向蝕刻**（Etch-Back），亦可以利用落差等因素所形成之厚度差異，應用於部分殘留下來的氧化層之上。

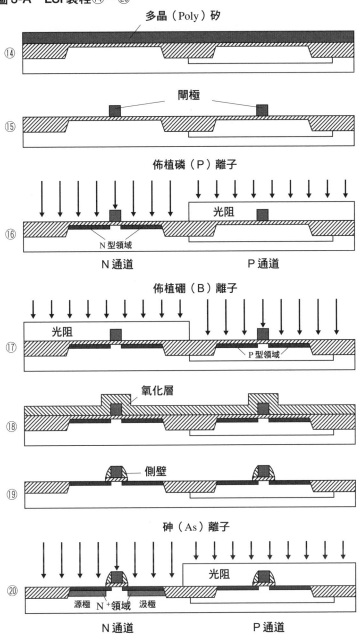

多晶（Poly）矽

⑭

閘極

⑮

佈植磷（P）離子

光阻

⑯

N 型領域

N 通道　　　　　　　　　P 通道

佈植硼（B）離子

光阻

⑰

P 型領域

氧化層

⑱

側壁

⑲

砷（As）離子

光阻

⑳

源極　N+ 領域　汲極

N 通道　　　　　　　　　P 通道

將光阻劑覆蓋於微影製程之 P 通道部位後，立即佈值氟離子。如此一來，導入雜質進入 N 通道電晶體之閘極多晶矽時，同時會在源極及汲極區域中形成高濃度的 N 型導電區域（N⁺ 區域）。在這個區域中，即可以自我對準的方式來決定 N 通道電晶體之閘極側壁位置（圖 3-A ⑳）。

2. 於 P 通道佈植微影・硼離子～埋設接觸孔

剝離光阻劑後，即會進行微影製程，並將 N 通道部分以光阻劑覆蓋後，佈植硼離子。因此，在導入雜質進入 P 通道電晶體的閘極多晶矽時，同時會在 P 通道區域的源極及汲極區域中形成高濃度的 P 型導電區域（P⁺ 區域）。在這個區域內，可以用自我對準方式決定 P 通道電晶體的閘極側壁位置（圖 3-B ㉑）。

剝離光阻劑後，即可以用**測鍍**（Sputtering）**方法產生鈷**（Co）層（圖 3-B ㉒）。

晶圓進行加熱處理後，由於鈷會有與矽接觸的部分（源極、汲極、閘極），因此鈷會與矽反應，而產生**二矽化鈷**（CoSi₂）。接著，即可進行濕式蝕刻處理，並去除沒有反應的鈷。經過這樣的蝕刻處理後，矽表面與閘極多晶矽部分的二矽化鈷層便會殘留下來，完全沒有受到蝕刻（圖 3-B ㉓）。上述這種二矽化鈷形成方法也是一種所謂的自我對準方式。

我們可以藉由矽甲烷與氧氣之 CVD 法，產生可做為較厚絕緣膜的矽氧化層（圖 2-B ㉔）。

接著使用 **CMP** 法，在形成矽氧化層的途中進行研磨，使其平坦化（圖 2-B ㉕）。

再藉由微影製程、蝕刻製程以及光阻剝離製程，開啟可以導引出矽氧化層之電極用接觸孔（接續口）（圖 2-B ㉖）。

透過**濺鍍法**，產生隔離膜之氮化鈦（TiN）層後，再利用 CVD 法產生鎢金屬（W）層（圖 2-B ㉗）。

用 CMP 法研磨鎢金屬層，並使其平坦，就會在接觸孔中殘留鎢金屬。接著持續使用 CMP 法研磨表面的氮化鈦層。這被稱之為鎢金屬連接線（Tungsten Plug）（埋設）（圖 2-B ㉘）。

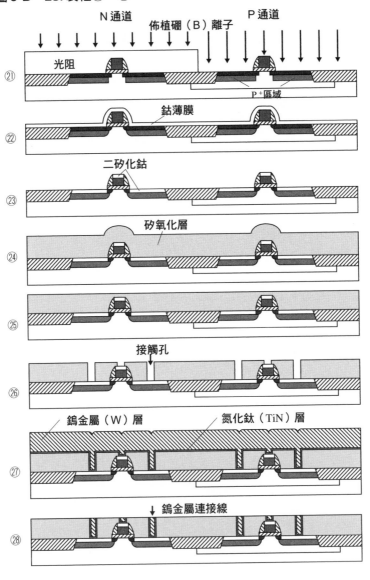

㉑　N通道　佈植硼（B）離子　P通道
光阻
P⁺區域

㉒　鈷薄膜

㉓　二矽化鈷

㉔　矽氧化層

㉕

㉖　接觸孔

㉗　鎢金屬（W）層　氮化鈦（TiN）層

㉘　鎢金屬連接線

配線形成製程
（前段製程　BEOL）

將電晶體等以金屬配線、接續後形成迴路

接下來，我們要在前面已經介紹過、已經完成電晶體製作之晶圓（圖 3-B ㉘）上形成金屬配線。

1. 第 1 層金屬層之形成～電極焊線墊

首先，在晶圓上依濺鍍順序可形成**氮化鈦（TiN）層**—鋁（Al）層—氮化鈦（TiN）層（圖 4-A ㉙）。一般來說，也可以用鋁・銅合金（Al-Cu）來代替鋁，在這邊我們先以鋁為例說明。

藉由微影、乾式蝕刻以及光阻劑剝離等過程會將氮化鈦（TiN）層—鋁（Al）層—氮化鈦（TiN）層圖形化，以形成第一層的**金屬配線**圖形（圖 4-A ㉚）。

上述是指，到 LSI 迴路完成為止的基本工廠製造流程，由於較為前瞻的 LSI 是以複數配線交疊而成的**多層配線構造**，因此接下來讓我們再以 2 層配線為例繼續說明。

為了隔絕上下配線層，必須增厚**層間絕緣膜**（Inter Layer Dielectrics）（圖 4-A ㉛）。一般會使用矽甲烷與氧氣之等離子 CVD 法形成矽氧化層。

在製程中我們會使用 CMP 法研磨**層間絕緣膜**（矽氧化層），使其表面平坦化（圖 4-A ㉜）。

藉由微影、乾式蝕刻以及光阻劑剝離等過程，在層間絕緣膜（矽氧化層）上進行蝕刻加工，並開啟**導通孔**（Via Hole）（圖 4-A ㉝）。

依濺鍍順序形成氮化鈦（TiN）層—鋁（Al）層—氮化鈦（TiN）層。

再藉由微影、乾式蝕刻以及光阻劑剝離等過程將氮化鈦（TiN）層—鋁（Al）層—氮化鈦（TiN）層圖形化，以形成第二層的金屬配線圖形（圖 4-A ㉞）。

為了保護配線金屬與迴路元件，必須藉由 CVD 法形成**鈍化**（Passivation）**膜**（絕緣膜）。

＊註：臺灣將 BEOL 視為後段製程，但日方則認為此屬前段製程之後半。

●圖 4-A　LSI 製程㉙～㉟

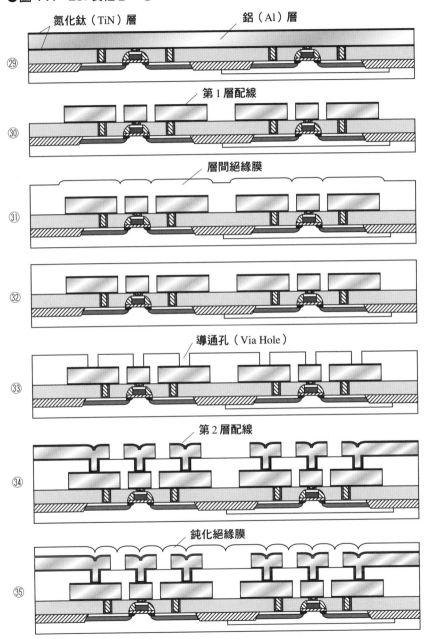

氮化鈦（TiN）層　　　　　　　　鋁（Al）層

㉙

第 1 層配線

㉚

層間絕緣膜

㉛

㉜

導通孔（Via Hole）

㉝

第 2 層配線

㉞

鈍化絕緣膜

㉟

一般來說，會藉由使用矽甲烷與氧氣・氮氣之 CVD 法，產生**矽氧氮化層（SiON）**。

並藉由微影、乾式蝕刻以及光阻劑剝離等過程，去除 Al 電極上的鈍化絕緣膜，以形成**電極焊墊**（後段製程中，打線接合的部分）。

如此一來就算是完成了前段製程。

若形成之配線層有 3 層以上，其實會與形成第 2 層配線的情況相同，此時應反覆進行以下過程數次。以 CVD 法形成層間絕緣膜→以 CMP 法研磨至平坦→藉由微影、乾式蝕刻以及光阻劑剝離等過程，開啟導通孔→以濺鍍法形成氮化鈦（TiN）層－鋁（Al）層－氮化鈦（TiN）層→藉由微影、乾式蝕刻以及光阻劑剝離等過程將氮化鈦（TiN）層－鋁（Al）層－氮化鈦（TiN）層圖形化的製程。

2. 銅的金屬鑲嵌法（Damascene）製程

前面我們敘述了關於鋁金屬的乾式蝕刻法，接下來我們將針對適用於前瞻 LSI 配線之**銅配線金屬鑲嵌法製程**進行說明。

銅比鋁的阻抗性弱，**電子遷移**（Electro Migration）的耐性強，因此必須提升 LSI 的性能與可信賴度。由於藉由乾式蝕刻的細微加工較為困難，因此我們會採用**金屬鑲嵌法製程**，以擴大平坦配線技術之適用廣度。

銅配線的金屬鑲嵌法製程，是藉由各別形成裸洞（Bare）與配線之**單金屬鑲嵌法製程**（Single Damascene），在裸洞與配線進行一次銅鍍時，以 CMP 方式埋入銅金屬以形成配線之**雙層金屬鑲嵌法**（Dual Damascene）製程。

以下針對雙層金屬鑲嵌法，以圖 4-B 概要說明。

① 以 CVD 法形成 Stopper 絕緣膜、層間絕緣膜與配線間絕緣膜。

② 重覆兩次使用微影以形成電路圖形，經過蝕刻、光阻劑剝離後，再於配線間絕緣膜、層間絕緣膜以及 Stopper 絕緣膜上建立裸洞（開口）以及在配線部份形成配線溝槽圖形。Stopper 絕緣膜是於配線間絕緣膜、層間絕緣膜蝕刻，並於進行圖形加工時，發揮阻止蝕刻（Etching Stopper）的功能。

③ 以 Stopper 法形成**障壁金屬**（Barrier Metal）（銅金屬擴散防止膜：
   TiN、TaN 等）以及銅籽晶金屬（Seed Metal）薄膜（以電鍍的方式
   覆蓋上銅金屬的薄膜）。
④ 和埋設導通孔與配線溝槽的方法一樣，將銅金屬進行電鍍。
⑤ 以 CMP 法研磨銅金屬，此時會在導通孔與配線溝槽內殘留一些銅
   金屬。接著再研磨障壁金屬，以形成銅金屬之配線圖形。
   此外，若為多層配線的情況，請反覆進行上述①～⑤的步驟。

●圖 4-B　雙層金屬鑲嵌法製程

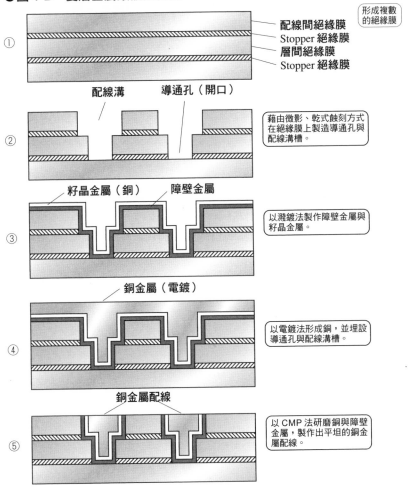

①　配線間絕緣膜
　　Stopper 絕緣膜
　　層間絕緣膜
　　Stopper 絕緣膜
　　形成複數的絕緣膜

②　配線溝　　導通孔（開口）
　　藉由微影、乾式蝕刻方式在絕緣膜上製造導通孔與配線溝槽。

③　籽晶金屬（銅）　障壁金屬
　　以濺鍍法製作障壁金屬與籽晶金屬。

④　銅金屬（電鍍）
　　以電鍍法形成銅，並埋設導通孔與配線溝槽。

⑤　銅金屬配線
　　以 CMP 法研磨銅與障壁金屬，製作出平坦的銅金屬配線。

1-5 晶圓電路檢查製程

確認埋入晶圓內晶片迴路特性，判定其優、劣

　　許多的LSI晶片是如圍棋盤般被置入晶圓上的，但是在先前我們所說明的製程中，往往會因為許多原因而造成雜質、傷痕、髒污等。這些雜質、髒污等若附著在晶圓上，就會被埋入光阻劑、氧化層、Al層等薄膜之中，造成部分的圖形不正常或有所缺陷。

　　此外，在離子佈植等情況下，由於有雜質、傷痕、髒污等混入而造成無法正常佈植不純物質的情形，稱之為**擴散異常**。若許多被置入晶圓上的LSI晶片有上述所指之**圖形缺陷**、**擴散異常**，或是製造裝置異常等情形，則無法進行正常的迴路動作。

　　晶圓電路檢查製程就是為了取出這些異常的LSI晶片，因此必須逐一檢查每片晶圓上的電路狀況，以判定是否為正常動作的製程。異常的LSI晶片，會被貼上不良品的標記，以便區分成品之品質是否正常（良品）。

1. 配合晶圓方向～配合金屬探針位置

　　晶圓電路檢查製程，首先要將晶圓設定在**晶圓測試**（Wafer Probe）階段，配合已決定之晶圓方向，並正確配合LSI內部所形成之電極焊線墊與**金屬探針**（Probe）前端的位置。LSI種類有很多種，電極焊墊亦有數百～數千個，如欲配合電極位置，必須使用由許多探針並列的探針板，並確實連接電路（Probing，見P. 9）。

　　探針板會與整合量測項目、量測順序、優劣判定基準等之LSI感測器連接，**LSI感測器**會經由探針將電力訊號送至電極焊線墊（圖5-A）。該信號經由晶片內的迴路後，會再從焊線墊將電力訊號傳送至LSI感測器，即可量測出電路的狀況。

2. 晶圓電路檢查～劣質品的標記

　　每一晶片都必須經過各式各樣的迴路檢測，綜合性地判斷品質優劣情形。劣質品就會被印上標記，並繼續檢測下一個晶片。等到一片晶圓上的所有晶片都被檢測過後，才會換下一片晶圓繼續檢查。

●圖 5-A　何謂探針測試

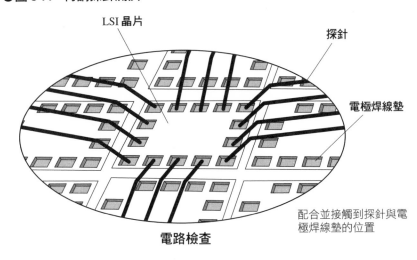

LSI 晶片

探針

電極焊線墊

配合並接觸到探針與電極焊線墊的位置

電路檢查

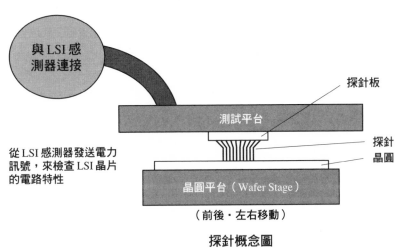

與 LSI 感測器連接

探針板

測試平台

探針

晶圓

從 LSI 感測器發送電力訊號，來檢查 LSI 晶片的電路特性

晶圓平台（Wafer Stage）

（前後・左右移動）

探針概念圖

組裝製程（後段製程）

將優質的晶片與外埠端子連接，用薄膜來保護晶片

封裝有許多種類，組裝製程也各異，在此我們僅以較具有代表性的塑模封裝為例進行說明。

1. 背部研磨～標印

首先將整個晶圓背部以旋轉砥石進行研磨（**背部研磨：研磨**），以削薄晶圓之厚度（圖 6-A）。

再將晶圓上以棋盤狀配置的許多 LSI 迴路晶片一個一個地進行切割（**Dicing**），並挑選出優質的晶片。切割是以**切割刀**（Dicing Blade）（圓板狀的超薄砥石），沿著晶片與晶片中間（**劃線**）切割（圖 6-B）。

接著把切割好的優質晶片放置於導線架中央的台座（**晶片架**），並黏著使其固定（以**黏晶**或 **Mount 固定**）（圖 6-C）。

再將晶片上的金屬電極（焊墊）與導線架上之金屬導線以**金導線**（直徑約 30 μ m）連接（打線接合）（圖 6-D）。必須藉由該金導線才得以連接外部的電力訊號。

搭載晶片的導線架是以金屬搭建的，使原本就具有熱硬化特性的壓模樹脂，加熱使其變成流體後，再將其壓入金屬內部（**塑模封裝：Molding**）（圖 6-E）。當壓模樹脂覆蓋住晶片與金導線後，即可保護晶片與金導線不會受到傷痕、雜質、髒污、濕氣等影響。

接著，必須去除在前述的塑模製程中，導線架週邊之樹脂殘渣（**塑模溢料殘渣去除裝置**，Deflasher），並於導線架表面上進行**錫鉛合金電鍍**（**導線架電鍍**）。

並在塑模週邊的導線等地方進行加工（**導線加工**）（圖 6-F）後，繼續於導線加工製程中，進行一連串的過程。

⑴ 打開並去除導線及與其所連接的**聯接桿**（Tie Bar）（亦稱 Dam Bar）（**聯接桿切斷**）。

⑵ 切斷 LSI 週邊的導線，使其與導線架分離（**導線切斷**）。

⑶ 形成 LSI 導線所被決定之最終外型（**導線成型**）。

最後，再於壓模樹脂表面以雷射印上製造廠商名稱、品名等（**標印**）（圖 6-G）。

●圖 6-A　背部研磨

晶圓
（背部）

砥石

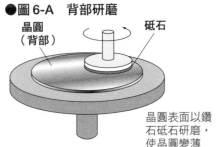

晶圓表面以鑽石砥石研磨，使晶圓變薄

●圖 6-B　切割

鑽石切割刀

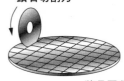

將晶圓背部固定後，沿著劃線切斷晶圓，以分割 LSI 晶片

●圖 6-C　黏晶

LSI 晶片　　　導線架　　　晶片焊墊

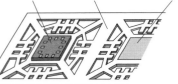

將優質的晶片（背部）與導線架中間的晶片焊墊黏接

●圖 6-D　打線接合

金導線　　　　電極焊線墊

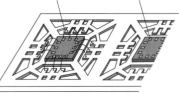

將金導線與 LSI 晶片之焊墊及導線架的導線連接，並連接電路

●圖 6-E　塑模封裝（Molding）

壓模樹脂

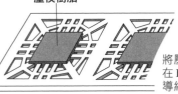

將壓模樹脂覆蓋在 LSI 晶片及金導線上，以保護不會受到雜質、傷痕、濕氣等影響

●圖 6-F　導線加工

切斷聯接桿與導線的根部，使其成為各自獨立的單片後，將導線彎曲成型

●圖 6-G　標印

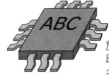

於壓模樹脂表面上打印製造廠商名稱、品名等字樣（標印）

選別、檢驗製程（後段製程）

逐個檢查已完成之LSI電力特性、尺寸、外觀

1. 電路檢查～進貨檢查

經歷過組裝製程後，我們為了要取出在組裝製程中所發現之不適用劣質晶片，必須進行LSI的電路檢查，以判定優、劣質（特性檢查），優質晶片才得以進入下一個製程。

接著為了確保LSI初期取出的晶片品質，會以比實際使用狀態還嚴苛的條件篩選，再將LSI放入加熱爐內通電測試（預燒：Burn-in）。這個製程是為了找出造成LSI電路不良的原因，因此LSI會經歷過一些嚴苛的篩選，以檢驗出先前製程中因雜質、傷痕、製造異常等原因而造成之部分圖形缺陷等輕微異常。為何必須要有這樣的製程呢？這是因為這些因雜質、傷痕、製造異常等原因而造成電路異常的晶片（或LSI），會在擴散製程結束後經歷到晶圓電路檢查製程；組裝製程結束後又得再經歷電路檢查，劣質晶片就會完全被去除掉。然而，在過去的電路檢查中，若有部分圖形缺陷、擴散異常等輕微異常的情況，也有可能不會被認為是劣質晶片。在預燒製程中，我們實際使用這些優、劣質的LSI即可以在開始沒多久、短期內就發現這些LSI可能會變為劣質品（初期不良），此製程就是為了去除這些劣質的LSI。相反的，透過這樣的製程也可以確保這些出去的LSI品質都不會成為劣質品。此外，由於預燒的條件過於嚴苛，即便是優質的LSI也有可能受到傷害，因此必須要設計適當之條件。

經過預燒製程後再進行LSI電路檢查，即可去除劣質的LSI（特性檢查）。

最後必須檢查LSI電路特性、塑模外型尺寸、成型之導線形狀以及導線之平坦性（導線相互之平行度、歪斜度）、傷痕、髒污等外觀檢查（入庫檢查），因為只有優質品才得以進入倉庫。

包裝、捆包後出貨。

不斷追求高性能的 LSI，迄今仍持續發展。一片晶片上所累積之元件密度每 1.5～2 年就變成 2 倍（摩爾定律）。如各位所見，電晶體尺寸逐漸細微化（**scaling 法則**），年年都朝向高密集化、細微化目標努力，期望提升 LSI 的性能。

另一方面，隨著細微化發展，過去許多沒見過的問題都成了影響 LSI 功能的要件。舉個具體的例子來說，為了提升自 IC 誕生以來一直使用的閘極絕緣氧化層性能，雖然薄膜變得越來越薄，但是當薄膜變薄絕緣的功能也會下降，通過氧化層的電流經常會漏出，因而浪費了多餘的電力。若使用這樣的 LSI 晶片，則手機的電池應該會常常沒電。此外，伴隨著細微化，作為配線材料的鋁金屬變細、變薄，卻造成配線電路的電阻變大、配線間的間隔變窄、配線彼此的電容量變大等性能下降。

為了解決這些問題，有人建議應運用下世代的 LSI 新興材料與新興電晶體架構。舉例來說，針對方才所提及之閘極絕緣膜漏電問題，若能夠提升電晶體的性能，一邊又能使用**介電常數**（K）高的絕緣膜（稱之為 High-k 膜），則就算絕緣膜變薄，性能也可以提升，並且能夠抑制漏電的狀況。配線材料方面，使用比鋁金屬電流阻抗性更低的銅金屬，此外亦可用配線層絕緣膜代替氧化層，並評估是否使用介電常數較低的絕緣膜（稱之為 Low-k 膜）。

如上述範例所示，除了提升過去的電晶體架構性能外，也可以考慮從電晶體的架構做一些變更。舉例來說，MOS 電晶體，**源極**與**汲極**間的電流雖然分為 on 與 off，但是我們知道若將矽晶歪斜著擺放，電流速度就會變快，因此必須探討因為**矽晶歪斜**，造成結構歪斜而使電流部分加快的狀態。配線方面，則以蝕刻代替加工，以期望逐漸讓**金屬鑲嵌製程**實用化。這樣的方法是為了事先在絕緣膜上形成溝槽，並且使用銅鍍與 CMP 方法在絕緣膜溝槽上形成銅金屬之埋設配線，企圖使其平坦。

微影化技術正在商討欲於曝光機與晶圓間加入純水之**浸潤式技術**，或是將 **EUV**（超紫外光微影技術）作為光源之技術。此外，雖然現在也有許多探討不使用曝光機，而是使用壓印奈米級細微金屬之 **Nanoimprint**（**奈米壓印**）圖形轉印技術等實用化議題，其具有低成本的優勢而備受矚目。

製造流程與所使用之裝置

各元件構成零組件之流程概觀

前面我們概要瀏覽過 CMOS 的製程，因此在這邊我們將針對構成 CMOS 製程元件之絕緣體及閘極等，整理所有製程以及該製程會使用到的裝置列表如下。

瀏覽下表，即可輕鬆地將第 1 章的 CMOS 製程及第 2 章後的各個裝置做一整體聯想。

●圖8-A　前段製程所使用之裝置概要

①形成 STI～形成 P 通道之延伸區域

	製程		製造裝置	概要
形成STI	洗淨、乾燥		洗淨、乾燥裝置	為了讓晶圓板上所製作的 MOS 電晶體等各個元件與電氣絕緣，必須形成一個絕緣區域。蝕刻並挖掘出晶圓基版的絕緣區域，再以 CMP 方式去研磨已形成之矽氧化層，再將矽氧化膜埋設進溝槽內。
	氧化		熱氧化裝置	
	形成氮化層		CVD（化學氣相沉積）裝置	
	微影技術	光阻劑塗佈	旋轉塗佈裝置	
		預烤	烘烤裝置	
		曝光	步進機曝光裝置	
		顯影	旋轉顯影裝置	
		硬烤	烘烤裝置	
	氮化層－氧化層－Si 蝕刻		乾式蝕刻裝置	
	光阻劑剝離		光阻劑剝離裝置	
	洗淨		洗淨裝置	
	氧化		熱氧化裝置	
	形成氧化層		CVD（化學氣相沉積）裝置	
	氧化層 CMP		CMP 裝置	
	氧化層蝕刻		濕式蝕刻裝置	
形成 N-well	微影技術	光阻劑塗佈	旋轉塗佈裝置	如同把形成 P 通道 MOS 電晶體之區域包圍起來般，佈植離子後，即會形成N型雜質區域。
		預烤	烘烤裝置	
		曝光	步進機曝光裝置	
		顯影	旋轉顯影裝置	
		硬烤	烘烤裝置	
	磷離子佈植		離子佈植裝置	
	光阻劑剝離		光阻劑剝離裝置	
形成閘極氧化層	氧化層蝕刻		濕式蝕刻裝置	以熱氧化法形成 MOS 電晶體之閘極絕緣膜（矽氧化層）。
	洗淨		洗淨裝置	
	氧化(閘極氧化)		熱氧化裝置	
形成多晶矽閘極	洗淨		洗淨裝置	用多晶矽形成 MOS 電晶體之閘極絕緣膜(矽氧化層)。
	形成多晶矽		CVD（化學氣相沉積）裝置	
	微影技術	光阻劑塗佈	旋轉塗佈裝置	
		預烤	烘烤裝置	
		曝光	步進機曝光裝置	
		顯影	旋轉顯影裝置	
		硬烤	烘烤裝置	
	多晶矽閘極蝕刻		乾式蝕刻裝置	
	光阻劑剝離		光阻劑剝離裝置	

	製程	製造裝置	概要
形成N通道之延伸區域	微影技術 · 光阻劑塗佈	旋轉塗佈裝置	在N通道內佈植N型雜質、佈植離子後即形成 MOS 電晶體之延伸區域，以抑制熱載子效應之產生，並且試圖抑制產生短通道之效應。
	預烤	烘烤裝置	
	曝光	步進機曝光裝置	
	顯影	旋轉顯影裝置	
	硬烤	烘烤裝置	
	磷離子佈植	離子佈植裝置	
	光阻劑剝離	光阻劑剝離裝置	
形成P通道之延伸區域	微影技術 · 光阻劑塗佈	旋轉塗佈裝置	在 P 通道內佈植 P 型雜質、佈植離子後即形成 MOS 電晶體之延伸區域，以抑制熱載子效應的產生，並且試圖抑制產生短通道之效應。
	預烤	烘烤裝置	
	曝光	步進機曝光裝置	
	顯影	旋轉顯影裝置	
	硬烤	烘烤裝置	
	磷離子佈植	離子佈植裝置	
	光阻劑剝離	光阻劑剝離裝置	

②形成側壁～形成配線層間絕緣膜

	製程	製造裝置	概要
形成側壁	洗淨	洗淨裝置	蝕刻已經形成的矽氧化層並在多晶矽閘極側壁上形成矽氧化層。
	形成氧化層	CVD（化學氣相沉積）裝置	
	氧化層蝕刻	乾式蝕刻裝置	
形成N通道源極·汲極	微影技術 · 光阻劑塗佈	旋轉塗佈裝置	在可接受電流的源極·汲極上佈植高濃度的N型雜質、離子，以形成N通道MOS電晶體。同時N通道多晶矽閘極也同樣被參入了一些雜質。
	預烤	烘烤裝置	
	曝光	步進機曝光裝置	
	顯影	旋轉顯影裝置	
	硬烤	烘烤裝置	
	砷(As)離子佈植	離子佈植裝置	
	光阻劑剝離	光阻劑剝離裝置	
形成P通道源極·汲極	微影技術 · 光阻劑塗佈	旋轉塗佈裝置	在可接受電流的源極·汲極上佈植高濃度的P型雜質、離子，以形成P通道MOS電晶體。同時P通道多晶矽閘極也同樣被參入一些雜質。
	預烤	烘烤裝置	
	曝光	步進機曝光裝置	
	顯影	旋轉顯影裝置	
	硬烤	烘烤裝置	
	硼離子佈植	離子佈植裝置	
	光阻劑剝離	光阻劑剝離裝置	
形成二矽化鈷層	洗淨	洗淨裝置	欲降低由多晶矽所形成之閘極與源極·汲極之電阻程度，在多晶矽閘極、源極·汲極區域上形成二矽化鈷層。
	鈷成膜	濺鍍裝置	
	熱處理（形成二矽化鈷）	退火處理裝置	
	鈷蝕刻	濕式蝕刻裝置	
形成層間膜	形成氧化層	CVD（化學氣相沉積）裝置	在整個晶圓板上形成絕緣膜。
	層間氧化層 CMP	CMP 裝置	
形成接觸點	微影技術 · 光阻劑塗佈	旋轉塗佈裝置	為了讓 MOS 電晶體之電極與金屬配線連接，因而設置接觸口。
	預烤	烘烤裝置	
	曝光	步進機曝光裝置	
	顯影	旋轉顯影裝置	
	硬烤	烘烤裝置	
	接觸頭蝕刻	濕式蝕刻裝置	
	光阻劑剝離	光阻劑剝離裝置	
形成接觸點	洗淨	洗淨裝置	由於接觸點相當細微又深入，必須用鎢金屬來進行埋設。鎢金屬是為了不讓 MOS 的電極擴散，必須在中間先形成隔離用的金屬。
	氮化鈦(TiN)層成膜	濺鍍裝置	
	形成鎢金屬	CVD（化學氣相沉積）裝置	
	鎢金屬／氮化鈦 CMP	CMP 裝置	
形成第1金屬配線	有機洗淨	洗淨裝置	透過接觸點連接 MOS 電晶體及第1金屬配線，即可擁有電流迴路的特性。
	TiN-Al-TiN 成膜	濺鍍裝置	
	微影技術 · 光阻劑塗佈	旋轉塗佈裝置	
	預烤	烘烤裝置	
	曝光	步進機曝光裝置	
	顯影	旋轉顯影裝置	
	硬烤	烘烤裝置	
	第1配線鋁金屬蝕刻	乾式蝕刻裝置	
	光阻劑剝離	光阻劑剝離裝置	
形成配線層間絕緣膜	有機洗淨	洗淨裝置	在整個晶圓板上形成絕緣膜。第1金屬配線也作為絕緣膜覆蓋於上。以 CMP 裝置，使晶圓表面平坦。
	形成氧化層	等離子 CVD（化學氣相沉積）裝置	
	配線層間氧化層 CMP	CMP 裝置	

③形成導通孔～形成電極焊墊

製程		製造裝置	概要
形成導 通孔	光阻劑塗佈	旋轉塗佈裝置	為了形成可連接第 1 金屬配線及第 2 金屬配線的導通孔，第 1 金屬配線 必須成為絕緣膜覆蓋於上。
	微影技術 預烤	烘烤裝置	
	微影技術 曝光	步進機曝光裝置	
	微影技術 顯影	旋轉顯影裝置	
	微影技術 硬烤	烘烤裝置	
	導通孔蝕刻	乾式蝕刻裝置	
	光阻劑剝離	光阻劑剝離裝置	
形成第 2 金屬 配線	有機洗淨	洗淨裝置	透過導通孔連接第 1 金屬配線及第 2 金屬配線，即可擁有電流迴路的特性。
	TiN-Al-TiN 成膜	濺鍍裝置	
	光阻劑塗佈	旋轉塗佈裝置	
	微影技術 預烤	烘烤裝置	
	微影技術 曝光	步進機曝光裝置	
	微影技術 顯影	旋轉顯影裝置	
	微影技術 硬烤	烘烤裝置	
	第 2 配線鋁金屬蝕刻	乾式蝕刻裝置	
	光阻劑剝離	光阻劑剝離裝置	
形成鈍 化膜	有機洗淨	洗淨裝置	為了保護 MOS 電晶體及金屬配線， 形成鈍化絕緣膜。
	形成氧氮化層(鈍化膜)	等離子 CVD（化學氣相沉積）裝置	
形成電 極焊墊	光阻劑塗佈	旋轉塗佈裝置	為了與外部電極端子連接，在金屬 配線上的絕緣膜設置一個焊墊口。
	微影技術 預烤	烘烤裝置	
	微影技術 曝光	步進機曝光裝置	
	微影技術 顯影	旋轉顯影裝置	
	微影技術 硬烤	烘烤裝置	
	電極焊墊蝕刻	乾式蝕刻裝置	
	光阻蝕劑剝離	光阻劑剝離裝置	

圖 8-B　後段製程所使用之裝置概要

製程	製造裝置
晶圓電路檢查	晶圓探針檢測、LSI 檢驗
背部研磨	背部研磨裝置（Back Grinding）
切割	切割刀
黏晶	黏晶機
打線接合	打線接合機
封裝（壓模樹脂封裝）	塑模封裝裝置
去除塑模液料	去除塑模液料裝置
導線電解鍍膜	電鍍裝置
導線加工	聯接桿（Dam Bar）切斷裝置
	導線彎曲成形裝置
標記	標記（Marking）裝置
電路檢查	測試分類機（Test Handler）、LSI 檢驗
預燒	預燒裝置
電路檢查	測試分類機（Test Handler）、LSI 檢驗

1. 使用 CVD 之製程

　　CVD 主要是用於矽氧化層、矽氮化層等絕緣膜，以及多晶矽、鎢金屬連接線的成膜。

　　接下來就讓我們來看在 CMOS 製程中，所有使用 CVD 的流程順序。

⑴ STI（Shallow Trench Isolation）之形成製程

　　‧矽氮化層‧矽氧化層（埋設溝槽用）

⑵ 多晶矽閘極形成製程
　　・多晶矽成長
⑶ 側壁形成製程
　　・矽氧化層成長
⑷ 層間膜形成製程
　　・矽氧化層成長
⑸ 接觸點形成製程
　　・鎢金屬成長
⑹ 配線層間膜形成製程
　　・矽氧化層成長
⑺ 鈍化膜形成
　　・矽氧氮化層成長

2. 使用乾式蝕刻之製程

　　乾式蝕刻會使用光阻劑，而光阻劑幾乎可用於所有的圖形加工製程，並且使用於矽氧化膜、矽氮化層等絕緣膜，以及多晶矽、氮化鈦、鈦金屬、鋁金屬等金屬膜的蝕刻。

　　以下為 CMOS 製程中，所有使用乾式蝕刻的流程順序。

⑴ STI（Shallow Trench Isolation）之形成製程
　　・矽氮化層－氧化層－矽蝕刻
⑵ 多晶矽閘極形成製程
　　・多晶矽蝕刻
⑶ 側壁形成製程
　　・矽氧化層蝕刻（逆向蝕刻）
⑷ 接觸口形成製程
　　・接觸口（矽氧化層：層間膜）蝕刻
⑸ 第 1 金屬配線形成製程
　　・氮化鈦－鋁金屬－氮化鈦蝕刻
⑹ 導通孔形成製程
　　・導通孔（矽氧化層：配線層間膜）蝕刻
⑺ 第 2 金屬配線形成製程
　　・氮化鈦－鋁金屬－氮化鈦蝕刻

⑻ 電極焊墊形成製程
　　・電極焊墊（矽氧氮化層）蝕刻

3. 使用 CMP 之製程

　　將 CMP 製程用於作為 STI（Shallow Trench Isolation）、接觸口等凹槽部位的絕緣膜，通常用於埋設金屬膜的情況下，以及使層間膜平坦。

　　接下來就讓我們來看看在 CMOS 製程中，使用 CMP 製程的流程順序。

⑴ STI（Shallow Trench Isolation）之形成製程
　　・矽氧化層 CMP（埋設 STI 用）
⑵ 層間膜形成
　　・矽氧化層 CMP（使層間膜平坦）
⑶ 接觸頭形成
　　・鎢金屬／氮化鈦 CMP（埋設接觸頭）
⑷ 配線層間膜形成製程
　　・矽氧化層 CMP（使配線層間膜平坦）

4. 使用離子佈植之製程

　　離子佈植除了可以用來接合使 MPS 電晶體動作之 PN，以及為了降低電阻而進行之硼與砷離子等雜質之摻雜製程外，還用於許多製程之中。

　　接下來就讓我們來看看在 CMOS 製程中，使用離子佈植製程的順序。

⑴ N-well 形成製程
　　・佈植磷離子
⑵ N 通道導電區域形成製程
　　・佈植磷離子
⑶ P 通道導電區域形成製程
　　・佈植硼離子
⑷ N 通道之源極、汲極形成製程
　　・佈植砷離子
⑸ P 通道之源極、汲極形成製程

・佈植硼離子

5. 使用濺鍍之製程

　　濺鍍通常用於鈷金屬、鈦金屬、氮化鈦、鋁金屬、銅等主要的金屬薄膜形成製程。

　　接下來就讓我們來看看在 CMOS 製程中，使用濺鍍製程的順序。

⑴ 矽化物形成製程
　　　・鈷金屬濺鍍
⑵ 接觸口形成製程
　　　・氮化鈦濺鍍
⑶ 第 1 金屬配線形成製程
　　　・氮化鈦－鋁金屬－氮化鈦濺鍍
⑷ 第 2 金屬配線形成製程
　　　・氮化鈦－鋁金屬－氮化鈦濺鍍

CMP（Chemical Mechanical Polishing：化學機械研磨）

係使晶圓凹凸表面平坦化的一種技術。提供化學助劑（砥粒），在研磨墊上磨削原本凹凸不平的晶圓表面，並可以快速利用突出區域的研磨比例，使其表面平坦化。

CVD（Chemical Vapor Deposition：化學氣相沉積）

一種藉由多數氣體的化學反應，使晶圓表面產生矽氧化層、矽氮化層、多晶矽等薄膜之方法。依生成反應之壓力可分為：常壓 CVD、減壓 CVD；依生成反應之能量可分為：等離子體 CVD、熱 CVD、光 CVD。

灰化後之清洗處理（Ashing）

藉由氧氣等離子等所產生之化學反應，可用來去除光阻劑所含有之揮發性物質。大多用於蝕刻加工、離子佈植等製程之後，用來去除多餘的光阻劑。

退火處理（Anneal）

將晶圓置於氮氣等非活性氣體中，以進行退火之熱處理。通常用於離子佈植後，用來去除離子活性化以及所產生的傷痕。

離子佈植（Ion Implantation）

加速雜質擴散、並添加矽晶。可依照離子加速能量及佈植時間等狀態，控制其所添加之程度及數量。根據所添加的離子不同，會形成 P 型或 N 型等具有導電特性的矽晶。P 型：硼（B）等、N 型：砷（As）、磷（P）等。

蝕刻（Etching）

藉由化學反應去除矽晶圓及矽晶圓上之薄膜。大多將光阻劑圖形作為光罩，以作為可部分去除薄膜的方法。大致可區分為 Wet Etching（濕式蝕刻）及 Dry Etching（乾式蝕刻）。

乾式蝕刻（Dry Etching）

將在真空中所導入之氣體以「等離子」的方式離子化，並去除矽晶、氧化層、鋁金屬等。由於乾式蝕刻大多為異向性蝕刻，因此能夠確實於光阻劑上加工，並且適合用於較細微的加工方式。

異向性蝕刻（Anisotropic Dry Etching）

僅朝單一方向進行蝕刻的乾式蝕刻。不僅只有光罩能夠獲得確實的圖形尺寸，同樣也有效於逆向蝕刻等方式。

濕式蝕刻（Wet Etching）

使用溶液所產生的化學反應，用來去除矽晶、氧化層等物質。一般來說，由於是等向性蝕刻（以同樣速度朝各個方向前進的蝕刻方式），因此並不適用於細微的加工

方式。

接續口（Contact Hole）

設計用來覆蓋形成矽晶圓電晶體等元件之絕緣膜，亦為接續電力用之開口。

側壁（Side Wall）

附著於具有陡峭段落差異的側面，因而形成的薄膜。通常是指 MOS 閘極的側壁層。

絕緣淺溝（STI；Shallow Trench Isolation）

將矽晶圓表面進行部份蝕刻、深入挖掘，並將該部分埋入絕緣膜中，再將電晶體等元件放置於絕緣、隔離電力的區域。

濺鍍（Sputter）

真空狀態下，已經被離子化的氬（Ar）等物質會撞擊到靶材，我們即可利用該物理性衝擊造成目標材料彈飛之現象（濺鍍），進行成膜、蝕刻。於靶材上使用鋁金屬，並於其對面設置矽基板，彈飛出去之鋁金屬就會附著於矽基板上，即可形成薄膜。

將矽基板當作靶材放置，即可對矽基板進行蝕刻。

自我對準（Self-alignment）

在 IC 製造中，可使用光罩來調整晶圓上構成電晶體的部分，以決定其位置。一般來說會依照順序建立圖形。然而若能夠調整到剛好符合光罩的狀態，不只可以用來決定位置，下一個圖形也可以依照先前已經製作好的圖形，自動決定位置，被稱之為 Self-alignment（自我對準）。

層間絕緣膜

在多層配線的情況下，層間絕緣膜是用來隔離上下配線層電力所使用的絕緣膜。由於 LSI 性能逐漸提高，必須降低配線間的電容量，因而逐漸採用誘電率較低的絕緣膜（Low-k 膜）。

雜質摻雜（Doping）

使用光阻劑圖形作為光罩，必須因應部分電晶體動作，以形成 PN 接合狀態；且矽具有低電阻等特性。根據添加物質不同，即會形成 P 型或是 N 型的雜質區域。P 型雜質：硼（B）等、N 型雜質：砷（As）、磷（P）等。雖然一般來說會使用離子佈植的方法，但是亦可以使用熱擴散法來添加雜質。

鈍化膜（Passivation）

在最上層的配線中所形成可保護 LSI 的電力絕緣膜。可預防產生刮痕、雜質附著、濕氣、以及會造成電路特性不穩的可動式離子侵入。

隔離膜（Barrier）

用來阻止配線金屬（鋁、銅）與其他金屬、矽等產生反應的絕緣膜。一般來說會使用鈦（Ti）、鉭（Ta）及其他氮化物（TiN、TaN）等具有高熔點的金屬。其他，亦可用作為阻止反應膜之總稱。

導通孔（via hole）

為了連接上下配線與多層配線，因此於該層間絕緣膜所設置之電路接續用開口。

微影（Photolithography）

將光線透過晶圓表面所塗佈之光阻劑（感光性樹脂膜），照射至上方遮光罩圖形的光罩，透過顯影處理即可將光罩上的圖形轉寫至晶圓。

光阻劑（Photoresist：感光性樹脂）

用於圖形加工之感光性樹脂。藉由光照射所產生之化學反應、形成圖形。沒有被光阻劑覆蓋到的蝕刻部分，則會被當作加工用的光罩來使用。可分為正光阻（光照射部位溶解）以及負光阻（光照射到的部位殘留下來）兩種。

探針卡（Probe Card）

用於晶圓電路檢查，如同甜甜圈形狀般的圓盤狀探針，會搭配 LSI 的電極焊墊位置排列出許多金屬探針（Prode）。讓探針與電極焊墊接觸，即可產生電路的流通，經由 LSI 試驗即可確認晶片的迴路動作。探針數最多可達到數千支。

多晶矽（Poly Si）

結合許多結晶方向不同的小型單晶矽塊成為一塊矽晶薄膜。一般可以使用低溫CVD 法及單晶矽以外的方法形成矽晶圓。

第 2 章

前段製程（洗淨～硬烤）之主要製程與裝置

洗淨①

1. 洗淨的目的

　　LSI前段製程中會產生一些異物，如微粒子（雜質）、有機物質、金屬等，還有的會因為處理之裝置而產生（裝置中可動部位之零件材料摩擦、已成膜之薄膜剝離龜裂等）、因人體、衣服所產生的（汗水、皮屑、化妝品、纖維等）、以及其他在無塵室內構成材料所產生的異物，簡直可以說是琳瑯滿目。

　　在LSI前段製程中會進行退火處理、蝕刻、薄膜形成等製程，但是在處理晶圓之際，若有異物附著於晶圓時，晶圓（矽晶）上所不必要的雜質就會被擴散，並且成為異物而被卡在薄膜與薄膜之間。結果造成電路圖形有所缺陷，這些不必要的雜質也會被矽晶與絕緣膜擴散出去，使我們無法獲得原先所期待的電路特性。

　　晶圓的**洗淨製程**，是指在進行晶圓處理之前，在不會造成傷害的情況下，去除附著於晶圓上異物的製程。

　　洗淨製程雖然佔了整個LSI製程的 20 ～ 30%，但是為了不讓晶圓上有多餘的材料或是形狀殘留，因此通常大多會在流程說明時予以省略。

2. 洗淨的方法

　　洗淨的方法可大致區分為化學分解，以及藉由物理力量去除的方法。此外，根據洗淨所使用的媒介不同，還可分為以藥水及純水的**濕式洗淨製程**，以及使用氧氣及臭氧的**乾式洗淨製程**。

　　通常我們會組合搭配使用上述這些方法來進行洗淨製程，一般會使用藥水來進行化學性分解、並去除這些雜質。藥水的成分有：硫酸與過氧化氫的混合液（**SPM**）、氫氧化銨與過氧化氫的混合液（**APM**）、鹽酸與過氧化氫混合液（**HPM**）等。

　　在APM的洗淨製程中，使用會對矽晶表面產生強烈氧化效果的過氧化氫，過氧化氫會氧化矽晶表面，並產生矽氧化層。接著再藉由氫氧化銨去除該矽氧化層，異物即會浮出表面以方便清除，並兼具**剝落**

效果（Lift-off Effect）。所謂剝落效果是指，將晶圓表面變薄後蝕刻，以去除表面異物之效果。使用氫氟酸溶液（DHF： Dilute Hydrofluoric Ccid）的洗淨法即是使用氧化膜蝕刻、以去除異物的剝落效果。

我們會在金屬配線成形後的製程中，使用不會將鋁等配線金屬溶解的有機溶劑（乙醇類、丙酮類）。

物理性去除的洗淨法中，有一種是將高壓純水噴射至晶圓上以去除異物的**噴射擦洗（Jet Scrub）洗淨法**；另一種則是以電刷擦拭晶圓以去除異物的**電刷擦洗（Brush Scrub）洗淨法**。用**化學方式洗淨**後，也有不少會連續再以**物理方式洗淨**的情況。**擦洗洗淨**，由於是以純水在晶圓上擦洗，而晶圓上的絕緣膜本身即帶有電力，可能會因為局部放電而造成晶圓的損害。因此必須要調整噴射擦洗的壓力及純水的導電能力，電刷擦洗方面則需要考慮是否已經選擇了適當的電刷壓力等要件。

除了藥水外，另外加上**超音波**，亦可用於提高洗淨法的洗淨效果。這種洗淨方法，因為有超音波因此會使藥水中產生細微的空洞，藉由空洞破裂時的衝擊即可剝除附著於晶圓上的異物。也可以稱作是一種物理性的洗淨方法。

洗淨裝置方面，大多使用可依序將晶圓浸置於洗淨效果各異、並且擁有多個藥水槽，可以去除各種異物的**濕式清洗台**（Wet Bench）。

●圖1-A　濕式清洗台（Wet Bench）　●圖1-B　濕式清洗台（Wet Bench）
　　　　（多槽浸置式）　　　　　　　　　　　　（單槽式）

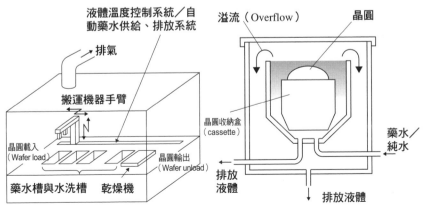

液體溫度控制系統／自動藥水供給、排放系統
排氣
搬運機器手臂
晶圓載入（Wafer load）
晶圓輸出（Wafer unload）
藥水槽與水洗槽　乾燥機

溢流（Overflow）　晶圓
晶圓收納盒（cassette）
藥水／純水
排放液體
排放液體

洗淨裝置主要是由藥水處理槽‧水洗‧乾燥系統、液體溫度控制系統、藥水供給、排放系統、搬運系統、排氣系統構成。

濕式清洗台洗淨裝置可分為配置有多個藥水槽的多槽**浸置式**（圖1-A）、僅有一個藥水槽，依序供應多種藥水的單槽式（圖1-B），以及在封閉的真空反應室（Chamber）內以噴嘴（Nozzle）噴射藥水等類型。單槽式的可以在每種藥水處理完後，以純水代替藥水進行清水洗淨，因此可以在不接觸到空氣的情況下清洗晶圓。

此外，也有單片清洗的**葉片式洗淨**。葉片式洗淨裝置是將每片晶圓放置於旋轉台上，使其旋轉並依序進行多種藥水的處理；除了有 1～2 槽的多種藥水處理裝置（圖1-C）外，也有一些是僅用來處理專用藥水的裝置。葉片式洗淨方法，也會有噴射擦洗，或是連續處理的情形。

乾式洗淨技術中也可分為：藉由紫外線照射、產生臭氧等分子，以分解、揮發有機物質之紫外線洗淨方式（圖1-D）；以氧氣等離子產生化學反應之等離子洗淨方式；非活性氣體（如：氬氣等）等離子之物理性洗淨方式（反濺鍍）；低溫煙霧（Aerosol）洗淨，以及超臨界洗淨等。

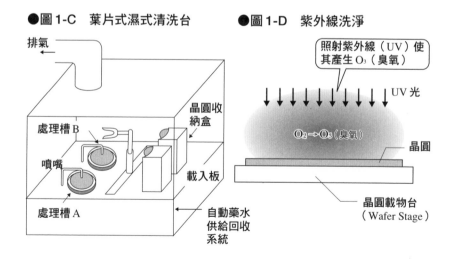

●圖1-C　葉片式濕式清洗台　　　　●圖1-D　紫外線洗淨

洗淨②

晶圓洗淨技術與新興洗淨技術

1. 晶圓洗淨技術

　　一般來說在不損傷晶圓的情況下，會使用如前述的藥水方式，以化學方式洗淨晶圓並去除異物。這些附著於晶圓上的異物，由於可能會是有機物質或是金屬等各式各樣的物質，因此必須依序使用好幾種藥水，再連續以物理性的洗淨方法去除異物。

　　晶圓洗淨技術中，最受歡迎的是 RCA 洗淨（1970 年由美國 RCA 公司研究），但是使用時必須注意藥水的混合比例、溫度、處理時間等條件與處理順序等，得要花費許多功夫。

　　洗淨藥水的基本成分是硫酸與過氧化氫的混合液（又稱 SPM 、**白骨化洗淨**（Piranha Cleaning））、氫氧化銨與過氧化氫的混合液（**APM**）、鹽酸與過氧化氫混合液（**HPM**）等，只要將藥水加熱至 100 度左右後即可使用。

　　此外，就算用了上述這些洗淨方式，仍會有些物質無法被清除掉，這時就會使用氫氟酸溶液（DHF）洗淨法將晶圓上的氧化層變薄、蝕刻，並且同時去除異物，亦會與上述洗淨方式合併使用。然而，這些方法只要一不小心就會侵蝕到氧化層，使用時必須特別注意。

　　可使晶圓平坦化的 CMP（Chemical Mechanical Polishing ：化學機械研磨）製程中，**研磨液（Slurry）**的砥粒以及被研磨過的材料碎屑會附著於晶圓上。因此，必須兼用藥水處理與擦洗、以及可處理晶圓表面與背部的雙面洗淨方法。此外，晶圓週邊由於成膜及蝕刻的狀態特殊，容易產生剝離的情形，因此也有清洗斜面（晶圓週邊）的斜面洗淨裝置。

2. 新興洗淨技術

　　新興洗淨技術方面，目前正在探討低溫煙霧（Aerosol）洗淨，以及超臨界洗淨、機能水洗淨等方法。

　　低溫煙霧洗淨主要是用來冷卻氬氣（Ar）、氮氣、碳酸氣體等，以

降低非活性氣體的壓力，再從反應室內由噴嘴噴射藥水、使其結冰後，再將結冰的固體粒子置於反應室內，以去除與晶圓有所衝突的異物。由於結冰的固體粒子處於常溫之中會變回氣體，因此不需要特別的乾燥裝置。

　　超臨界洗淨則是在臨界溫度、臨界壓力下，使用具有液體與氣體中間特性狀態的流體來洗淨晶圓，由於其黏性較低，因此擴散速度較快，即可溶解物質使其剝離。LSI 製程中，也正在探討是否使用二氧化碳（CO_2）與洗淨藥水混合等方法來清洗。

　　機能水洗淨方法，並沒有使用酸、鹼的藥水，而是使用臭氧水與電解臭氧水等機能水的洗淨技術。由於沒有使用藥水，因此不用進行廢水處理，被認為是一種能夠保護環境的技術。

　　隨著 LSI 製程逐漸細微化，與致命缺陷極為相關的異物亦變得更加細微與微量。此外，圖形尺寸及深度比率（寬高比）也變得更大，因此業界開始尋求能夠深入開口與溝槽底部的洗淨技術。再者，由於導入 High-k 及 Low-k 等具有代表性的新興材料，因此也開始著手尋找不會傷害這些薄膜層的洗淨技術。

●圖 2-A　低溫煙霧（Aerosol）洗淨　●圖 2-B　二氧化碳（CO_2）狀態圖
（超臨界洗淨）

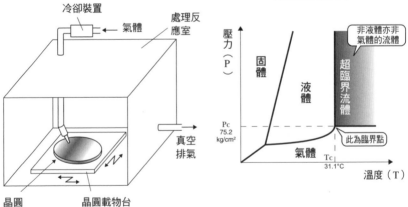

2-3 乾燥

晶圓處理後務必要水洗、乾燥

　　乾燥是在使用藥水洗淨、濕式蝕刻等濕式處理後欲將藥水沖洗，以去除附著於晶圓上的水分，使其乾燥的一種製程。濕式處理後一定要進行水洗及乾燥的過程。

　　乾燥方面可分為，利用離心力將水分吹散的離心乾燥法、使用乾燥氮氣等吹乾晶圓之方法、以及利用IPA（Isopropyl Alcohol）置換水分等方法。

　　乾燥裝置方面會使用清洗台式的離心乾燥裝置，或者葉片式的**旋轉乾燥**裝置（圖3-A）。

　　乾燥是為了不讓水分殘留於晶圓上；為了在乾燥製程中，不讓裝置上產生雜質（particle）、有機物質、金屬等異物並附著於晶圓上；在乾燥的狀態下也必須注意不能讓旋轉的晶圓與空氣摩擦產生靜電，而其中最大的問題就是**水痕（Water mark）**。所謂水痕，是在乾燥製程中最後殘留的部分水分，它們會在晶圓上形成極薄的矽氧化層水合物，水痕即是指該不純物質所殘留下的痕跡。

　　之所以會有水痕是由於矽晶具有非親水性，矽晶所露出的部分就會有乾燥不均的情形，因此待晶圓洗淨完成後，純水洗淨的液體就會有部分殘留的狀況。特別是最容易發生在洗淨製程的最後，即進行蝕刻矽氧化層的DHF等氟酸藥水溶液洗淨時發生。

　　為了不讓水痕殘留，我們就會使用IPA的乾燥方法。所謂使用IPA的乾燥方法，一般是指以IPA蒸氣進行處理的方法（IPA蒸氣乾燥），除此之外還有像是馬蘭葛尼（Marangoni）乾燥、Rotagoni乾燥等方法（圖3-B～D）。

　　此外，也有一種技術是讓晶圓置於氮氣狀態下，以阻斷氧氣使其乾燥的方法，由於矽具有非親水性，因此難以產生水痕。

　　由於LSI技術已經相當細微化、縱衡尺寸比率亦將變得更大，今後市場上將尋求能將深入的接觸孔以及細微溝槽等底部純水乾燥化的技術。

1. 主要的乾燥技術

接下來讓我們說明一下乾燥技術的概要。

⑴ IPA 蒸氣乾燥（IPA Vapor Drying）

在 IPA 蒸氣中，放入已用純水沖洗過的晶圓，再將純水與 IPA 置換以使其乾燥（圖 3-B）。

⑵ 馬蘭葛尼（Marangoni）乾燥

從純水中拉出晶圓時，IPA 蒸氣與氮氣皆平行於晶圓，這是在不脫離純水狀態下使其乾燥的方法（圖 3-C）

⑶ Rotagoni 乾燥

這是在旋轉水洗／乾燥狀態下，併用 Rotagoni 的一種乾燥方法。使晶圓旋轉，並讓純水與 IPA 蒸氣、氮氣混和氣體從各個噴嘴中流出，再從晶圓的中央朝週邊的方向以使其乾燥（圖 3-D）。

●圖 3-A　旋轉乾燥

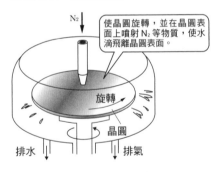

使晶圓旋轉，並在晶圓表面上噴射 N₂ 等物質，使水滴飛離晶圓表面。

●圖 3-B　IPA 蒸氣乾燥

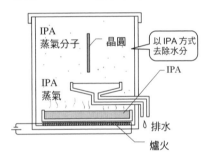

以 IPA 方式去除水分

●圖 3-C　馬蘭葛尼（Marangoni）乾燥

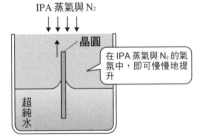

在 IPA 蒸氣與 N₂ 的氣氛中，即可慢慢地提升

●圖 3-D　Rotagoni 乾燥

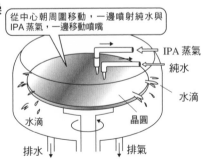

從中心朝周圍移動，一邊噴射純水與 IPA 蒸氣，一邊移動噴嘴

氧化

將晶圓矽表面轉換為矽氧化層

　　氧化是指在含有氧氣的氧化氛圍中,以高溫處理晶圓,並將晶圓上的矽轉換為矽氧化層的製程。

　　氧化的方式根據氧化氣體種類不同,可分為**乾式氧化**(氧氣)、**濕式氧化**(Steamer:水蒸氣)、**稀釋氧化**(將氧氣、水蒸氣以非活性氣體稀釋)等;根據氧化壓力程度亦可分為常壓氧化、**高壓(加壓)氧化**(圖4-A)。除此之外,還有藉由**等離子氧化**以及燈式溫控裝置所產生的氧化。上述這些方式會依用途來區分使用。

　　矽氧化反應會產生於矽晶表面上,因氧化的關係而在矽表面產生氧化層,氧化劑就會在目前已經形成的氧化層中擴散,當抵達到矽晶表面時即會產生氧化反應。

　　氧化速度,會受到氧化氛圍中的氧化劑濃度影響,以及在表面已形成氧化層中的氧化劑擴散速度所左右。若使用氧氣來氧化,則會因為氧化溫度及氧氣濃度提高而加速氧化速度。由於使用水蒸氣的濕式氧化能夠提高表面已形成氧化層中的溶解度,或是能夠提高高壓氧化(～1MPa左右)的氧化劑濃度,因此就能夠加快氧化速度。此外,矽結晶方位或是氧化矽之不純物質濃度等矽晶本身狀況也會影響到氧化的速度。

　　將矽轉變為被氧化的矽氧化層時,會產生體積膨脹、應力等狀態之改變。當產生強烈的應力時,就會成為降低氧化速度、或造成矽結晶有所缺陷的原因。在 LSI 製程中,我們會使用 **LOCOS**(Local Oxidation of Silicon)等方法,在製造絕緣區域等具有較厚的氧化層時,則必須注意是否因為體積膨脹而對週邊的矽晶區域產生應力。

　　氧化裝置方面,會使用到**熱氧化爐**、**爐心管**(tube:從圓筒狀的石英等),將熱氧化爐加熱至 1000℃左右,再將許多片的晶圓與**晶圓電路板**並列,最後將電路板放入爐心管中央。處理氧氣流動時,矽晶會轉換成為氧化層,並在晶圓表面形成氧化層。

名　稱	氧　化　劑	壓力	特　徵
乾式氧化	氧氣	常壓	用於一般情況
濕式氧化	水蒸氣（氫氣與氧氣在反應爐內燃燒後產生）	常壓	氧化速度快，適用於形成較厚氧化層時
稀釋氧化	用氮氣來稀釋氧氣、水蒸氣	常壓	容易控制薄膜厚度，最適合用於薄膜形成時
高壓（加壓）氧化	氧氣、水蒸氣	高壓	氧化速度快，適用於形成較厚氧化層及低溫氧化時
等離子氧化	激發等離子的氧自由基	低壓	適用於藉由 ERC、表面等離子體等產生超薄氧化層時

　　氧化裝置的主要構成內容是裝載機・卸載機（Loder-Unloder）、爐心管、溫度控制系統、氣體控制系統、換氣管（Scavenger 排氣）等。

　　裝置的類型方面則有將管線水平放置的**橫型爐**，以及將管線垂直放置的**縱型爐**（圖 4-B 、圖 4-C）。縱型爐能夠減少設置面積（Foot Print），也有利於自動化。

　　熱氧化是藉由氣相沈積法等方法形成比矽氧化層還更優質的薄膜層，因此閘極氧化層就是以熱氧化的方式形成的。

●圖 4-B　氧化裝置（橫型爐）

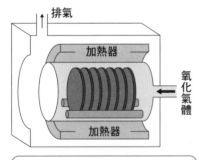

由於晶圓兩端的氧化層較容易剝落，因此也會有改為「替代性晶圓」的情況。此外，晶圓的間隔也會影響到薄膜的剝落情形。

●圖 4-C　氧化裝置（縱型爐）

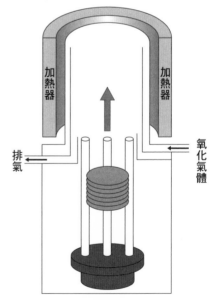

2-5 化學氣相沈積（CVD）①

讓反應氣體進行化學反應，沉積出膜

1. 所謂 CVD

在氣相製程中，將反應氣體進行化學反應，並使其在晶圓上形成薄膜的方法，稱之為**化學氣相沉積**（**CVD**： Chemical Vapor Deposition）。

使用 CVD 法，依所導入的氣體不同，可以形成矽氧化層（SiO_2）、矽氮化層（Si_3N_4）、多晶（Poly）矽（Si）、鎢金屬（W）等。

CVD 法的形成壓力可分為常壓與低壓兩種類型，分別稱之為**常壓 CVD**（APCVD： Atmospheric Pressure CVD）法，以及**低壓 CVD**（Low Pressure CVD）法。

常壓 CVD 法除了有爐心管及小室容器（Dome Chamber）外，還有一種是輸送帶（belt）式（圖 5-A）。主要用於形成矽氧化層（形成溫度約為 400 ℃），所使用的氣體除了 $SiH_4 + O_2$ 之外，也會使用 TEOS（Tetraethyl Orthosilicate）$+ O_2$。

使用低壓 CVD 的矽氮化層，會在已加熱的反應室內將好幾片晶圓並列排放於晶圓電路板上，藉此將反應室減壓。將含有矽晶及氮氣的氣體導入反應室內，以熱能進行反應的氣體就會形成矽氮化層，並且附著於晶圓上。此時，已成膜的矽氮化層就會被用來當作熱氧化的光罩。該薄膜必須要薄，而且對熱氧化具有高電阻能力。

裝置方面則有為了因應低壓 CVD，須將管線水平放置的**橫型 VCD 裝置**；以及將反應管線垂直放置的**縱型 CVD**（圖 5-B）。裝置的主要構成內容是裝載機・卸載機、反應室（爐心管）、真空排氣系統、氣體供給系統、控制系統等。

低壓 CVD 又可進一步分類為晶圓與反應室牆壁溫度為高溫的**熱壁式**（Hot-Wall）；以及僅將晶圓加熱，不會使反應室牆壁過熱的**冷壁式**（Cold Wall）。

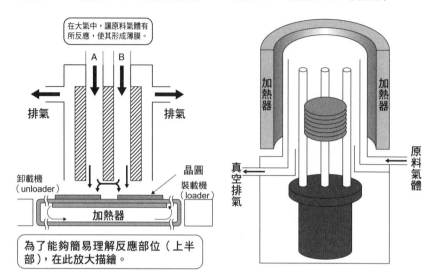

●圖 5-A　常壓 CVD（輸送帶式）　●圖 5-B　低壓 CVD（縱型）

在大氣中，讓原料氣體有所反應，使其形成薄膜。

A　B

排氣　　　　　　　排氣

卸載機（unloader）　　　晶圓裝載機（loader）

加熱器

為了能夠簡易理解反應部位（上半部），在此放大描繪。

加熱器　　加熱器

真空排氣　　原料氣體

　　以下，列舉出一般使用的原料氣體以及其形成之溫度範例。

矽氧化層：$SiH_4 + O_2 \rightarrow SiO_2 + 2H_2$（約 500 ℃）

　　　　　$SiCl_2H_2 + 2N_2O \rightarrow SiO_2 + 2N_2 + 2HCl$（約 900 ℃）

矽氮化層：$3SiCl_2H_2 + 4NH_3 \rightarrow Si_3N_4 + 6HCl + 6H_2$（約 750 ℃）

　　　　　$3SiH_4 + 4NH_3 \rightarrow Si_3N_4 + 12H_2$

多晶（poly）矽：$SiN_4 \rightarrow Si + 2H_2$（約 600 ℃）

鎢金屬：$WF_2 + 3H_2 \rightarrow W + 6HF$（約 450 ℃）

2. 等離子 CVD

　　還可再將 CVD 依據引起反應的能源進行分類：除了熱能之外，還有與熱能併用、使用等離子激勵作用的**等離子**（Plasma）**CVD**、使用光能的**光 CVD**、使用雷射的**雷射 CVD**、使用觸媒作用的觸媒化學氣相沉積（**Cat-CVD**：Catalytic CVD）等。

　　除了上述之外，還有利用表面飽和反應以形成薄膜的 **A L D**（Atomic Layer Deposition：反覆形成原子層，以使其形成薄膜）。

　　等離子 CVD 是低壓 CVD 的一種，其最大特徵是會併用等離子及熱能，並且在 400 ℃ 以下的低溫用較快的速度形成薄膜。

主要用於配線層間絕緣膜等無法用高溫處理的金屬配線形成工程。等離子 CVD 是將原料氣體導入低壓反應室內，藉由激勵等離子的方法，使氣體成為自由基離子（radical ion）、經過反應後形成薄膜。

　　裝置方面，一般使用將圓形平板電極平行相對的**平行平板型**，晶圓則放在下半部電極的周圍，以好幾片並列的方式處理（圖 5-C）。裝置的主要構成內容是裝載機・卸載機、真空預備室（road lock chamber）、反應室、氣體控制系統、電源、真空排氣。

　　等離子 CVD 中有許多種的等離子產生方式。其產生方式可分為容量結合型（陽極結合型、平行平板型）、誘導結合型、ECR（Electron Cyclotron Resonance：電子回旋加速器共振）型的等離子。ECR 型是藉由微波（2.45GHz）與磁石造成電子迴旋加速器共鳴所產生，在反應室內氣體反應後會呈現離子化，並在晶圓表面形成薄膜。（圖 5-D）

●圖 5-C　等離子 CVD（平行平板型）●圖 5-D　ECR 等離子 CVD 裝置（例如：多晶矽薄膜）

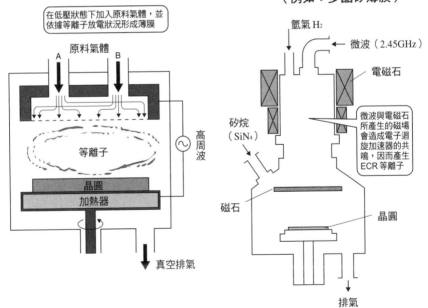

化學氣相沈積（CVD）②

ALD 與 Cat-CVD

1. ALD

　　ALD（Atomic Layer Deposition：**原子層沉積**）是利用表面的飽和反應，在原子層階段中控制薄膜成長的一種技術。在低壓狀態下，將用來形成薄膜的原料 A 做成一個可以吸附在晶圓表面的單原子層，而多餘的原料 A 就會完全被非活性氣體給清除（逐出）。接著再將原料 B 與附著於晶圓上的原料 A 反應後形成原子層薄膜。反覆以同樣的階段操作後，即可形成薄膜。

　　此方法是依據化學吸附之狀態來進行表面反應的，每當金屬錯體覆蓋於表面時，就會啟動自我控制機制，自動停止反應，因此可以在每一層都形成薄膜，並且能夠藉由反覆幾次的階段來控制薄膜的厚度。即使是在複雜的表面或大面積的狀況下，都能夠透過階躍式覆蓋率（Step Coverage）形成良好的薄膜。

　　如此一來，透過 ALD 能夠輕易控制薄膜的品質、形成優質的薄膜，並具有良好的階躍式覆蓋率特性，今後將會擴大使用於微細化、薄膜化等使用範疇。

2. Cat-CVD

　　觸媒化學氣相沉積（**Cat-CVD**：Catalytic CVD）是在低壓狀態下讓原料氣體與加熱的觸媒接觸，並利用觸媒表面的解離吸附反應將原料氣體予以分解，再藉由低溫方式運送晶圓，以便在晶圓表面上形成薄膜的低溫成膜法。由於沒有使用到等離子，因此不會有因為等離子或者電荷（Charge）蓄積而造成的損傷。

　　裝置方面是由真空預備室、觸媒體（溫度控制）、晶圓保持器（Wafer Holder）（溫度控制）、原料氣體供給、真空排氣等構成。其構造相當簡單，特色是裝置尺寸以及形狀相關的限制都很少（圖6-A）。

　　Cat-CVD 法，是讓觸媒材料的固定表面與原料氣體分子衝突，再藉由其表面的解離吸附（觸媒）反應分解原料氣體的方法。

如此一來，即會大量產生有助於原料氣體成膜的分解氣體。另一方面，等離子CVD法則是在低壓狀況下，將原料氣體放置於等離子中加速，以便和電子衝突後分解。

兩相比較的結果，相對於Cat-CVD法是藉由「面與點的衝突」形成分解氣體；等離子CVD法則是藉由「點與點的衝突」來形成。理所當然，「面與點的衝突」的效率較佳，Cat-CVD法的氣體分子分解效率比等離子CVD法高出10倍左右。由於效率較好、成膜速度也較快，因此在於因應晶圓大口徑化、提升生產性方面可以說是相當有利。

一般來說，藉由CVD法形成的薄膜，會使原料氣體中的氫原子混亂，因而破壞薄膜的特性；使用Cat-CVD法會比被等離子CVD法混亂的氫原子降低好幾分之1。因此，薄膜能夠具有綿密、耐化學性、以及擁有抑制水份、雜質等高度能力的優良特性。

在這裡所使用的觸媒是以鎢金屬線等物質作為高熔點的金屬觸媒，於觸媒上直接通過電流，並加熱至1500～2000℃左右，再將原料氣體透過觸媒，照射到已加熱至300℃左右的晶圓，即可形成薄膜。若使用這樣的方法，觸媒的溫度、形狀等會對形成薄膜的品質有很大的影響。

在此我們使用矽烷（SiN₄）、氨氣（NH₃）與氫氣（H₂）作為原料氣體，即可形成矽氮化層、不定形結構（Amorphous：非晶質）／多晶矽薄膜。此外，由於可針對大面積範圍進行低溫成膜作業，因此還可以應用到半導體之外，如液晶基板等的多晶矽與非結晶矽的成膜。

●圖6-A Cat-CVD（觸媒氣相沉積）

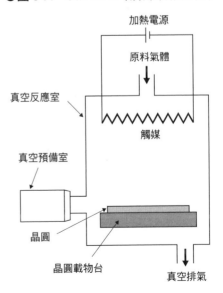

加熱電源

原料氣體

真空反應室

觸媒

真空預備室

晶圓

晶圓載物台

真空排氣

2-7

光阻劑塗佈

圖形（Pattern）加工前之光阻劑塗佈

光阻劑塗佈是在晶圓上形成一均勻厚度的光阻劑薄膜工程。

所謂**光阻劑**是在晶圓上形成圖形，用來作為蝕刻及離子佈植時光罩的感光性樹脂薄膜。由於光阻劑材料會將感光性樹脂溶解於有機溶媒之中，因此在塗佈時雖然是液體，但是會經由塗佈～烘烤等過程後就變成固體。

裝置方面，是藉由使用各個單片（葉片式）來進行旋轉塗佈的**Spin Coater**（**旋轉塗佈裝置**）。Spin Coater是在水平的晶圓載物台上放置一片晶圓，並在晶圓中央以噴嘴滴下一定劑量的液體狀光阻劑。再讓晶圓以每分鐘數千轉的速度旋轉，此時滴下的光阻劑就會從晶圓的中央如被甩出去般擴散至週圍，並且能夠形成厚度均一的光阻劑薄膜。

經由這樣的方式，由於大部分（90%）的光阻劑都會被甩出去，光阻劑的使用效率不佳，因此也有在討論是否應該轉為藉由多個噴嘴沿著晶圓表面進行塗佈的方式。

裝置的主要構成內容是裝載機‧卸載機、旋轉載物台、光阻劑供給、沖洗噴嘴、塗佈凹槽（Bowl）、排氣（圖7-A）。

光阻劑的薄膜厚度是根據光阻劑的黏度、溶劑種類、以及晶圓轉速來控制。

塗佈裝置本身構造雖然也一樣，但是在進行光阻劑塗佈～顯像～烘烤為止一連串的工程時，也會使用**塗佈與顯像裝置**（**Coater & Developer**）（參考：圖8-B）。該裝置也具有可與曝光裝置互換的機能，或者

●圖7-A　Spin Coater（旋轉塗佈裝置）

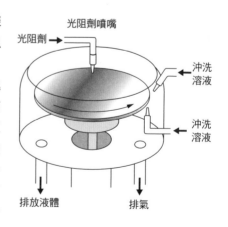

光阻劑噴嘴

光阻劑→

沖洗溶液

沖洗溶液

排放液體　　排氣

56

可與曝光裝置連動，一同進行微影工程。

　　光阻劑本身具有放置於空氣之中即成為固體的性質。因此，旋轉塗佈會在進行晶圓塗佈前就先將少量的光阻劑從噴嘴中排出，以便成為能經常性穩定進行光阻劑塗佈的構造。在光阻劑結束後，還會有可將殘留於光阻劑噴嘴內的光阻劑以真空方式**吸回**（Suck Back）的構造。再將噴嘴前端以沖洗溶液洗淨，並且於噴嘴前端準備好可用來栓緊及防止乾燥的構造。

　　雖然在晶圓旋轉時，光阻劑會飛散至旋轉塗佈裝置的周圍，但是飛散出去的光阻劑還會再彈回塗佈凹槽內，並且在沒有附著於晶圓的情況下，即可降低對晶圓載物台下半部的壓力。

　　此外，最基本的功能是於晶圓上形成厚度平均的光阻劑薄膜，但是其他像是去除附著於晶圓周圍的光阻劑功能（週邊沖洗：Edge Rinse）、防止光阻劑旋轉並附著於晶圓背面的功能（背面沖洗：Backside Rinse）也是不可或缺的。這些功能都是為了防止晶圓週邊及背部因光阻劑而產生雜質或是造成流程不順暢的情形。

　　舉例來說，光阻劑塗佈之後，將晶圓放入晶圓載物台（Wafer Carrier）時，就會與晶圓周圍有所接觸。若晶圓周圍有光阻劑附著，則周圍的光阻劑就會被剝除，因此僅能附著於晶圓上。

　　此外，欲進行塗佈後的處理製程（曝光與蝕刻）時，周圍的光阻劑若附著於晶圓載物台以及處理工作台上，將會使裝置受到污染；光阻劑若附著於晶圓背面，則會成為曝光與蝕刻製程中無法正常使處理工作台及晶圓緊密結合的原因。

　　而且，晶圓表面的親水性高，無法與正光阻（Positive Photoresist）進行具有同樣效果的光阻劑塗佈，而在進行光阻劑塗佈之前，都會在晶圓表面先進行具有導水性的 HMDS 處理。 HMDS 是 Hexmethyldisilane 的簡稱，為一種無色透明的藥水。

預烤

將光阻劑稍微加熱

　　預烤是將已經塗佈光阻劑的晶圓以氮氣進行加熱處理，待揮發完光阻劑所殘存的有機溶劑後，才進行去除的製程。

　　上述處理之後會進行曝光製程，並且是在不會損傷曝光特性的低溫（80℃）下進行熱處理。

　　在與光阻劑塗佈裝置進行連動、塗佈光阻劑後，裝置方面還有熱平板（Hot Plate）方式、以輸送帶搬運晶圓通過加熱通道的通道式（圖8-A）以及以批次方式放入箱型加熱爐內處理的方式。前述的裝置是使用塗佈顯影機（Developer）的熱平板式，會從塗佈光阻劑開始就連續進行烘烤的動作（圖8-B）。

●圖8-A　預烤裝置

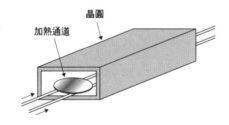

●圖8-B　塗佈顯影機

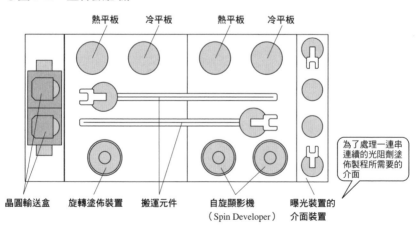

熱平板　　冷平板　　　　熱平板　　冷平板

為了處理一連串連續的光阻劑塗佈製程所需要的介面

晶圓輸送盒　　旋轉塗佈裝置　　搬運元件　　自旋顯影機（Spin Developer）　　曝光裝置的介面裝置

曝光①

步進機（Stepper）、掃描機（Scanner）、浸潤式曝光裝置

1. 所謂曝光

曝光是將原先塗佈於晶圓半上的光阻劑轉寫至光罩（縮倍光罩，Reticle）電路圖形的轉寫製程。

光源的光線會透過光罩照射至晶圓上，晶圓上的光阻劑就會決定晶圓上可以被光線照射到的部分（光罩透明的部分）以及不會被照射到的部分（光罩不透明的部分）。照射的部分會因為光化學反應而使薄膜質量產生變化。因此，所使用的光罩必須要依照欲形成的圖形而有明暗之分，且依照工程需求也會有不同種類的光罩。

2. 步進機

曝光裝置中最常被使用的就是**步進機**（Stepper：縮小投影曝光裝置）（圖9-A）。透過曝光光源的 ArF（氬氟化）雷射光等縮倍光罩（光罩）以及透鏡（lens），將晶圓上的光阻劑縮小、照射至四分之一（或五分之一）處，再將縮倍光罩的圖形轉寫至晶圓上的光阻劑，即可形成曝光（照射）部分與非曝光（非照射）部分。

●圖9-A　曝光裝置（步進機）

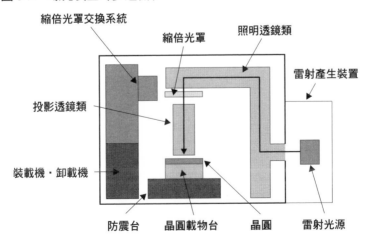

縮倍光罩上可以形成一塊晶片的電路圖形，但是一次曝光就只能完成一塊晶片的曝光。因此，必須將裝置不斷持續地往旁邊的晶片移動、曝光，反覆進行如此的操作後即可使整張晶圓完成曝光。

LSI 中雖然也會反覆操作好幾種製程，不過必須要配合已經形成的圖形位置，再進行下一個圖形形成，這樣的過程稱之為「**對準曝光**」。

曝光裝置的主要構成內容是裝載機・卸載機、曝光載物台・移動系統、雷射產生・光源系統、照明透鏡系統、投影透鏡系統、縮倍光罩交換系統。

3. 掃描機與浸潤式曝光裝置

為了擴大保有解像度的曝光區域，因而採用透鏡掃描式的曝光裝置，被稱之為**掃描機**（Scanner）。讓曝光光源的光線，以細縫狀的方式照射至縮倍光罩（光罩），同時掃描縮倍光罩與晶圓後，再將縮倍光罩圖形以細縫狀的方式連續掃描、轉寫至晶圓上。

由於是以細縫狀的方式進行曝光，只有少許部分的透鏡畫像

●圖 9-B　浸潤式曝光裝置

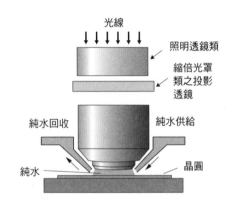

會有差異，因此會有提升圖形精確度、擴大曝光區域（面積）等優點。

LSI 圖形逐年細微化，為了提升曝光裝置的解像度，我們會縮短光源波長。縮短光源波長後，光源的 g 線（波長 436nm）、i 線（波長 365nm）、氪氟準分子雷射（KrF Excimer Laser，波長 248nm）氬氟準分子雷射（ArF Excimer Laser，波長 193nm）都會有所變化。

此外，最近晶圓與曝光裝置之間，夾著會因空氣而造成曲折率變大的水分等液體，因而進行開發並採用在實際成效方面曝光波長較短、解像度較高、可因應細微化的**浸潤式曝光裝置**（圖 9-B）。

曝光②

EUV 與圖形解像度提升技術

1. EUV

未來的裝置技術是採用可獲得較短波長的 EUV（**極端紫外線：波長 13.5nm**）以作為曝光光源，是曝光裝置內相當被期待的下一代元件。目前比 EUV 一般所使用的氬氟（ArF）（波長 193nm）約短 10 分之 1。

目前曝光裝置所使用的曝光光源是藉由光線於空氣中通過透鏡所產生的光線。然而，EUV 會被空氣及光學透鏡所吸收，因此光線路徑必須完全維持在真空的狀態，因而變得必須放棄使用提供光線通過的透鏡，而是使用反射透鏡類的元件。此外，考量到實用化的方面，我們在開發 EUV 光源的同時，反射類的光罩與反射類的等裝置開發也成為必須得面對的課題（圖 10-A）。

在此也顯示出 LSI 製造所使用最小尺寸的細微化趨勢與曝光裝置、光源波長間的概要關係（圖 10-B）。

●圖 10-A　EUV 曝光裝置概要圖

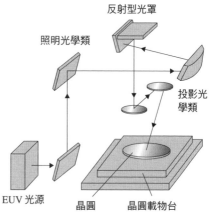

反射型光罩

照明光學類

投影光學類

EUV 光源　　晶圓　　晶圓載物台

2. 圖形解像度提升技術

為了提升使用同一光學類裝置，在晶圓上的圖形解像度，必須使用各式各樣的技術。在此我們先來看較為主要的技術。

⑴ 變形照明（斜射照明）

一般的曝光裝置雖然是將光線垂直照射於縮倍光罩上，但是會偏離曝光裝置的光軸中心，因此「變形照明」就是以傾斜的方式將光線照射至縮倍光罩，以提升解像度與焦點深度的技術。也會出現輪帶照

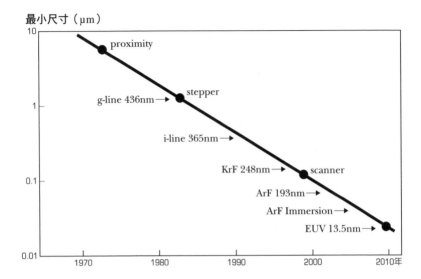

●圖 10-B　細微化趨勢

明與四極照明等扭轉的形狀。

(2) **相位偏移（Phase Shift）**

　　相位偏移是使用特殊加工的縮倍光罩，以提升晶圓圖形解析度與焦點深度的技術。於縮倍光罩上，將曝光光線相位反轉 180 度的相位偏移進行加工、並測試光線強度以提升解析度。相位偏移可分為：雷文生（Levenson）型、半透（Halftone）型，以及輔助縫（Assist Slot）型。

　　雷文生（Levenson）型是在縮倍光罩的明亮部位貼附一片透明薄膜，一邊使光線相位偏移，一邊將玻璃基板進行蝕刻後，再反轉透過該部位所產生的光線相位。此方法適用於 Line ／ Space Patterns（圖 10-C）。

　　半透（Halftone）型是為了使相位偏移，因此必須控制縮倍光罩的遮光膜通透率以及曲折率，並使通過遮光部位的微弱曝光光線進行相位反轉後，再行使用該光線。半透型偏移通常被使用於氧化鉻、MoSi 以及 TaSi 等氧化層。此方法適用於孔圖（Hole Pattern）。

(3) **光學近似修正（Optical Proximity Correction，OPC）**

　　此方法是附加於縮倍光罩上，用來修正圖形，以提升晶圓圖形解

析度與焦點深度的技術。

　目前現有的曝光裝置是使用於光線的極限解像附近，由於光線的繞射現象會使晶圓上光阻劑圖形的終端形狀變得又細、又圓，因而使得光罩的圖樣無法通過。

　為了因應上述圖形，該技術就會於縮倍光罩（光罩）上附加凸角形（**Serihu**）、鎚頭形（Hammerhead）等補助用的圖形，以便讓轉寫於晶圓上的光阻劑圖形能夠符合當初所設計的圖形（圖 10-D）。

⑷ 二次圖形曝光（Double Patterning）

　此技術是使用可將圖形一分為二的兩片縮倍光罩，分別反覆進行兩次曝光～蝕刻後，獲得較細微圖形的方法。由於此方法為了獲得一個圖形必須要進行兩次的曝光～蝕刻製程，因此要求必須要能夠進行高精確度的校正（alignment），此外還一些像是製程變長、裝置台數增加等缺點。

●圖 10-C

(a) 一般的縮倍光罩

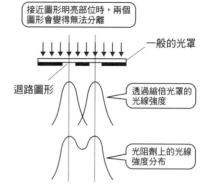

(b) 相位偏移

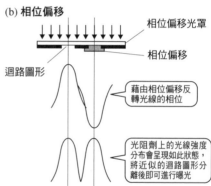

●圖 10-D　OPC（光學近似修正）

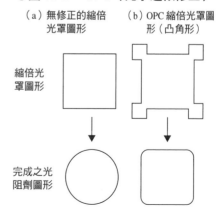

（a）無修正的縮倍光罩圖形　　（b）OPC 縮倍光罩圖形（凸角形）

曝光③

前項所提及的裝置是使用光源的光線，但是也有使用電子束（Electron Beam）及 X 光線的技術。

電子束曝光裝置是將電子束掃描後，照射於電子線專用的光阻劑以形成圖形的裝置。形成圖形的電子束掃描法可分為循序掃描（Raster Scan）與量式掃瞄（Vector Scan）兩種。

循序掃描（Raster Scan）是在一定的電子束尺寸下，將光束以一定的方向進行掃描，並因應所描繪的圖形決定光束的 On／Off，以形成圖形的一種方法。另一方面，量式掃瞄則是選擇電子束所照射的領域範圍後，再將光束進行掃描以形成圖形的一種方法。

此外，電子束曝光裝置可分為不使用光罩，直接因應圖形檔案曝光的**直接描繪方式**，以及使用光罩進行曝光的方法。若使用直接描繪方式並不需要製造光罩（縮倍光罩）。由於產量（Throughput）較低，因此可使用於極少量的晶圓製造，以及縮倍光罩的光阻劑光罩製造方法（圖 11-A）。

沒有使用光罩的描繪方法，被稱之為 ML2（Maskless Lithography），但是主要目的還是為了提升產量，其他還有許多像是部分統括法、可變成形光束法、Single-Column／multi 光束法、Multi-Column／可變成形法等不同的方法。

使用光罩進行的描繪方法則有 PEL（Proximity EB Lithography）以及 EPL（EB Projection Lithography）等。

●圖 11-A　電子束曝光裝置（Spot beam 方式）

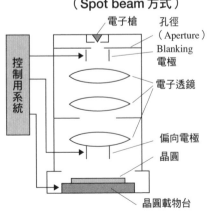

PEL是將等倍率的光罩設置於接近晶圓的位置，並將低加速電壓的電子束通過光罩，待進行掃描、照射後，再將光罩圖形轉寫於晶圓的方法。

EPL則是先在光罩上分割出1mm的大小，以便能夠形成LSI圖形。將1mm尺寸大小所形成之電子束照射於光罩上已被分割的圖形後，再將被縮小至四分之一的圖形轉寫於晶圓之上（晶圓上250μm角）。與分割的圖形連接後，依順序將光罩與晶圓同步移動，並照射電子束，也是一種LSI圖形的製作方法。

Column 曝光裝置方式

初期的曝光裝置是以**密接（contact）曝光裝置**將描繪圖形的光罩於已完成光阻劑塗佈的晶圓上進行緊密接合、重疊後，再採用平行光線照射的曝光方式。

光罩會與晶圓上的圖形擁有同樣的尺寸倍率，在與晶圓尺寸完全相符的區域中形成晶片圖形。結構上看起來雖然相當簡單，但缺點是光罩與晶圓必須緊密接合，若一旦有晶圓上的雜質或光阻劑附著於光罩之上，則下一片晶片就會被迫經歷轉寫、曝光等過程。

近似式（Proximity）曝光裝置會在光罩與晶圓之間設置一個相當狹小的間隔，除了近似（Proximity）曝光這部分以外，其他都與密接曝光的方式相同。此方式由於不需要與晶圓極光罩緊密接合，因此具有可以降低轉寫缺陷的效果。

上述這些雖然幾乎都沒有用於目前的LSI製程中，但是由於結構簡單、價格低廉，因此被廣泛應用於液晶、印刷基板、MEMS等方面。

投射（Projection）曝光裝置是一種將透過光罩的光線通過投影透鏡後照射曝光於晶圓上的方式，可分為等倍率投影曝光裝置以及縮小投影曝光裝置。

顯影・硬烤

在光阻劑上製作圖形，固化

1. 顯影

顯影是將曝光（光線照射）後的部分光阻劑以顯影劑溶解，再形成光阻劑圖形的製程。

藉由前述的曝光製程，會產生縮倍光罩的圖形轉寫、曝光（光線照射）部分與非曝光（非照射）的部分，並且形成可以用來因應搭配的光阻劑圖形。

在光線照射得到的與照射不到的不同部位中，光阻劑顯影液的溶解速度會有所差異。在曝光製程中，我們會將已轉寫至縮倍光罩圖形的光阻劑以顯影液進行處理，並且依據有無光線照射的條件，使溶解速度產生差異，以形成光阻劑圖形。

裝置方面則是使用葉片式的**旋轉式顯影裝置**（spin developer）（圖12-A）。旋轉式顯影裝置是在水平的晶圓載物台上放置一片晶圓，並將一定劑量的顯影液以噴嘴從晶圓中央滴下，並擴散至整片晶圓後慢慢旋轉晶圓。

經過一定時間處理、完成顯影後，再將晶圓高速旋轉、甩掉顯影液；從噴嘴將純水大量流至晶圓上，此時必須盡快將顯影液洗淨、停止顯影，並進行水洗的動作。然而顯影液並非是從中央滴下，而是將多個顯影噴嘴排成一列，從晶圓前端開始移動、進行顯影處理的。

裝置的主要構成內容則是裝載機・卸載機、旋轉載物台、顯影液供給、純水供給、顯影凹槽、排氣等。

●圖12-A　旋轉式顯影裝置
（Spin Developer）

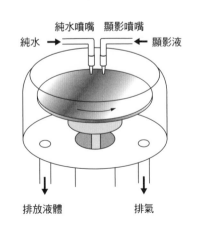

光阻劑可分為正光阻劑（Positive Photoresist）與負光阻劑（Negative Photoresist）。使用正光阻劑，在曝光（光線照射）製程中，顯影液會加速予以溶解；並將沒有經過曝光的光阻劑留存下來（圖12-B）。

　　另一方面，負光阻劑則是會加速溶解沒有經過曝光的光阻劑，並留存已經曝光的部分光阻劑（圖12-C）。

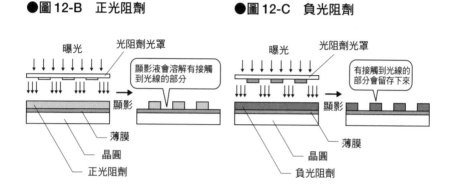

●圖12-B　正光阻劑　　　　　●圖12-C　負光阻劑

2. 硬烤

　　硬烤是在氮氣狀態下，將在顯影處理中已形成圖形之晶圓，其晶圓上的光阻劑進行加熱處理（120℃左右）的一種製程。經由加熱處理可以去除有機溶劑及附著於晶圓上的水分，之後才能夠對光阻劑進行固化。後續的處理製程中，會減少來自光阻劑的氣體排放，並且著重於提升與基礎薄膜間的緊密性與蝕刻的堅固程度。

　　裝置方面，可分為與前述預烤同樣藉由輸送帶（Belt）通過加熱通道的輸送帶式、放入箱型加熱爐式，以及熱平板（Hot Plate）式。

　　硬烤會依據光阻劑的種類而有不同的耐熱性，因此必須設定適當的烘烤溫度與時間條件。溫度過高、時間過長，將可能會使光阻劑產生鬆弛或變形等情形。

用語解說

純水／超純水

高純度水是以高純度的離子交換樹脂、高機能膜等方式去除含有地下水等原水之不純物質（純度接近 100% 的高純度水稱之為超純水）。用於洗淨等製程中的水洗過程。由於純水不含雜質，因此對電力具有高電阻性，而且與晶圓摩擦後容易產生靜電，因此依據不同工程需求也有可能會添加碳酸氣體。本書內容所指的是包含超純水的純水。

紫外線洗淨

照射紫外線能夠產生臭氧等有機物質，即可進行分解、揮發工程。

低溫煙霧洗淨

為了替冷卻的氬氣（Argon）、氮氣、碳酸氣體等非活性氣體降壓，因此會於反應室內以噴嘴噴射、使其結冰，並將結冰之固體粒子放置於反應室內，以去除可能會與晶圓衝突的異物。結冰的固體粒子若放置於常溫，則會恢復成為氣體，因此不需要特別的乾燥裝置。

超臨界洗淨

在臨界溫度、臨界壓力下，會使用帶有液體與氣體中間特質狀態的「流體」進行洗淨，由於其黏性較低、擴散速度較快，因此可以溶解物質、使其剝離晶圓表面。在 LSI 製程中大多會考慮使用碳酸氣體（CO_2）的方法。

SPM

Sulfuric acid-Hydrogen Peroxide Mixture（硫酸過氧化氫）。$H_2SO_4 + H_2O_2$。這樣的洗淨方式又稱之為白骨化洗淨（Piranha），可用於去除有機物質、金屬等。

DHF

Diluted Hydrofluoric acid（稀氫氟酸）。$HF + H_2O$。

APM

Ammonia Hydrogen Peroxide Mixture（氫氧化銨與過氧化氫）。$NH_4OH + H_2O_2 + H_2O$。用於去除有機物、微粒子（Particle）。

HPM

Hydrofluoric acid- Hydrogen Peroxide Mixture（鹽酸與過氧化氫混合液）。$HCl + H_2O_2 + H_2O$。用於去除金屬物質。

縱深尺寸比（Aspect Ratio）

加工之圖形平面尺寸（L）與深（D）之比例。縱深尺寸比＝ D ／ L。

乾式氧化

使用氧氣進行熱氧化。相對於濕式氧化，此種方式被稱之為乾式氧化。

濕式氧化

導入氫氣與氧氣，使其燃燒產生水蒸氣後進行氧化。由於氧化速度快，因此會用於欲形成厚氧化層的情況下。因為有使用到水蒸氣，因此稱之為濕式氧化。

稀釋氧化

使用氮氣與氬氣，稀釋並氧化含有氧氣與水蒸氣的氧化氣體。由於容易控制氧化速度，因此會用於欲形成薄氧化層的情況下。

排氣管（Scavenger）

使用熱氧化裝置或 CVD 等裝置時，為了不讓反應氣體與熱氣從無塵室旁邊溢出、傳導出去，因此會將排氣部位設置於反應爐體前端。

常壓 CVD

AP（Atmospheric Pressure）CVD。在大氣壓力下進行的 CVD。一般會以 400 ℃左右的溫度形成氧化層。

低壓 CVD

LP（Low Pressure）CVD。在 CVD 低壓狀態下進行的 CVD。包括等離子CVD、熱壁 CVD、冷壁 CVD 等。

等離子 CVD（Plasma CVD）

亦稱之為 PCVD、PECVD（Plasma Enhanced CVD）。以等離子的方式激勵反應氣體，並在較低溫的狀態下形成薄膜。

熱壁式 CVD（Hot Wall CVD）

使用低壓 CVD 將整個反應室加熱（800 ℃左右），亦包含晶圓、反應室內壁，以形成薄膜的 CVD 法。主要用於形成多晶矽、矽氮化層、矽氧化層。能夠產生較優質的薄膜。

冷壁式 CVD（Cold Wall CVD）

使用低壓 CVD 將整個晶圓加熱（500 ℃左右），是不加熱反應室內壁的 CVD法。由於沒有將反應室內壁加熱，因此可以降低無法附著於內壁、剝離所產生的微粒子。通常用於形成鎢金屬。

MOCVD（Metal Organic CVD）

有機金屬 CVD 法。使用低壓 CVD，在用來製造薄膜的原料上使用有機金屬的CVD 法。不需要高度真空，即可形成大面積的薄膜。

階躍式覆蓋率。在依照溝槽、牆壁等有階梯形狀形成薄膜的情況下，水平面所附著的薄膜厚度（Tp）與階梯面附著的薄膜厚度（Ts）比率。會以 Ts／Tp 來表示，一般來說數值越大，可以說就是越好的技術或裝置。

TEOS

用於形成常壓 CVD 氧化層的原料名稱。 Si（OC$_2$H$_5$）$_4$。使用 TEOS 形成的氧化層稱之為 TEOS 氧化層。

光罩（Mask）

在透明的石英基板上，因應 LSI 製程所形成之圖形。會將可以用來遮蔽曝光裝置光源的鉻等物質附著於黑暗部位。通常會簡略光阻劑光罩的用法，直接稱之為光罩。

縮倍光罩（Reticle）

使用步進機的光阻劑光罩。步進機與掃描器所使用的縮倍光罩圖形會比 LSI 圖形擴大 4 ～ 5 倍。

解析度

使用光微影技術時的圖形解析度，會和曝光光源的波長成正比（λ：lambda）與透鏡數值孔徑（NA：用來表示 Numerical Aperture 透鏡的明亮程度）的二次方成反比。為了獲得細微的圖形，必須要讓縮短光源波長（λ）、提高透鏡數值孔徑（NA）。因此為了因應細微化的要求，而必須縮短光源波長，縮短光源的 g 線（波長 436nm）、i 線（波長 365nm）、KrF（波長 248nm）、ArF（波長 193nm）的理由就在這裡。這些關係可以表示如下列方程式（Rayleigh），是在曝光技術中經常會被使用到的計算公式。

R=k$_1$ ×（λ／NA）

R ：解析度

K$_1$：製程係數（理論極限為 0.25。通常為 0.6 ～ 0.4 左右）

λ ：曝光光源波長

NA ：透鏡數值孔徑（Numerical Aperture）

或是以 NA ＝ n × sin θ 表示。

n ：透鏡與晶圓間的介質折射率（通常在空氣中 n ＝ 1）

θ ：曝光面的最大入射角

同一光源波長狀態下，將透鏡數值孔徑變大，製程係數（k$_1$）變小，即可提升解析度。

將製程係數變小的方法有超解析技術、相位移轉技術、變形照明技術等。

可在晶圓與透鏡之間放入液體的浸潤式曝光裝置，其 n 值若能夠達到 1 以上（比方說純水 ＝ 1.44），則 NA 所產生的實際效果會變大。

焦點深度

　　轉寫縮倍光罩時，雖然必須要配合晶圓上的焦點才能進行曝光，但是為了能夠獲得一定的圖形精確度就必須要決定焦點深度的曝光類型、必須與曝光光源的波長（λ：lambda）成正比，且必須與透鏡數值孔徑（NA：用來表示 Numerical Aperture 透鏡的明亮程度）的二次方成反比。該數值越大，曝光的範圍（Margin）就會越大，晶圓表面的凹凸必須要彼此都能符合焦點，以確保圖形的精確度。這些關係可以表示如以下列方程式，是在曝光技術中經常會被使用到的計算公式。

　　$DOF = k_2 \times \lambda / (NA)^2$

　　　　DOF：焦點深度

　　　　k_2：製程係數

　　　　λ：曝光光源波長

　　　　NA：透鏡數值孔徑（Numerical Aperture）

氪氟（KrF）

　　激發 Kr（krypton）與氟（F）放電所獲得的氪氟準分子雷射（Excimer Laser）。

氬氟（ArF）

　　激發 Ar（argon）與氟（F）放電所獲得的氬氟準分子雷射（ArF Excimer Laser）。

超解析技術（RET：Resolution Enhancement Technology）

　　是為一種提升曝光的解析度技術，並縮小 Rayleigh 式的製程係數（k_1）。類似光學近似修正、相位偏移等。

PEB（Post Exposure Bake）

　　曝光後所進行之較低溫熱處理。在此處理過程中，多少都會因為照射光線的駐波效應，而使圖形端有一些凹凸產生。透過化學增幅型光阻劑（Chemical Amplified Resist）的觸媒反應，即會增加氧的產生。

顯影液

　　通常會使用被稱之為 TMAH（Tetramethylammoniumhydroxide）的強鹼性藥水。

第 3 章

前段製程
（乾式蝕刻～金屬鍍膜）
之主要製程與裝置

乾式蝕刻①

1. 所謂乾式蝕刻

　　乾式蝕刻是以氣體進行蝕刻的總稱，一般會在低壓狀態下使用反應性氣體進行蝕刻。以光阻劑圖形進行之選擇性蝕刻圖形加工精確度較高，且若選擇蝕刻氣體可對應到各式各樣的薄膜蝕刻導體材料，因此幾乎所有的圖形蝕刻製程都會使用反應性的離子蝕刻。

　　乾式蝕刻的方式包括有使用化學進行之蝕刻、物理性蝕刻、以及兩種併用的蝕刻方式。此外，在廣義的乾式蝕刻下則包括：在常壓使用氣體所進行之蝕刻，以及使用藥水蒸氣的蝕刻。

2. 反應性離子蝕刻裝置

　　反應性離子蝕刻裝置（**RIE**： Reactive Ion Etching）是將圓形平板電極平行擺放，並將反應氣體導入低壓反應室內，藉由激發等離子使導入之氣體在電極間產生中性游離基化或離子化反應。

　　讓這些自由基與離子與晶圓上的導體材料進行化學反應後，即可

●圖 1-A　反應性離子蝕刻裝置
　　　　（平行平板型）

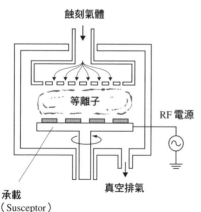

●圖 1-B　反應性離子蝕刻裝置
　　　　（清洗台型）

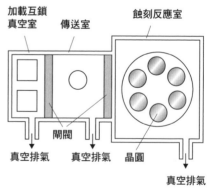

使用由蝕刻方式成為揮發物質，以及產生物理性濺鍍等兩種效果（圖1-A）。

　　乾式蝕刻裝置主要構成內容為裝載機・卸載機、加載互鎖真空室（Load-Lock Chamber）、蝕刻等處理反應室、氣體管理器、電源、真空排氣。

　　此外，必須備妥能夠進行真空排氣的加載互鎖真空室與傳送室，晶圓的處理即會在傳送室內，進行閘閥（Gate Valve）的開關與連動（圖1-B）。

3. 異向性乾式蝕刻種類

　　在反應性離子蝕刻過程中，由於蝕刻具有異向性、蝕刻速度也相當快，另一方面由於自由基離子密度高、可以用來減少晶圓蝕刻的傷害，因此可以因應各種目的開發出各式電源、頻率以及電極構造。

　　主要的裝置有 ICP 型（誘導耦合型：Inductively Coupled Plasma）、窄縫型（Narrow Gap）、NLD 型（Neutral Loop Discharge）、磁控型（Magnetron）、螺旋波型（Helicon Wave）、離子束蝕刻（Ion Beam Etching）、ECR 型（電子迴旋共振式：Electron Cyclotron Resonance（圖1-C）等。

　　與等離子蝕刻使用同樣裝置的狀態下，我們將氬氣（Ar）用於蝕刻氣體的濺鍍裝置，雖然並不會與蝕刻薄膜產生化學反應，但是卻會以物理性的方式彈跳而出（濺鍍現象）、進行異向性蝕刻。

●圖1-C　ECR 蝕刻裝置

磁場線圈　氣體　微波（2.45GHz）

等離子

晶圓

晶圓載物台　RF 偏壓（13.65GHz）　真空排氣

●乾式蝕刻裝置

(株)日立ハイテクノロジーズ 照片提供：

異向性蝕刻與等向性蝕刻

蝕刻可分為異向性（Anisotropic）蝕刻、等向性（Isotropic）蝕刻，兩者會因為蝕刻加工精確度與蝕刻形狀而有很大的差異。

異向性蝕刻是在晶圓表面朝垂直方向進行的蝕刻動作。這種使用光阻劑等物質作為光罩所進行的蝕刻，其呈現出來的圖形會忠實反應出光罩的尺寸、並且具有高精確度圖形加工的特色，而蝕刻表面則會相當接近垂直的形狀（圖2-A）。

在異向性蝕刻的架構下，蝕刻時雖然有**離子助鍍模式**（Ion Assist Model）與於側壁之**聚合物附著模式**等兩種，但是在某些情況下也會結合兩種一起使用。

離子助鍍模式會因為垂直射入的離子與蝕刻表面有所衝撞而造成缺損，此外由於離子間的衝撞會產生加熱效果，還會使得蝕刻反應加速、並快速朝垂直方向前進。

●圖2-A　蝕刻表面形狀比較

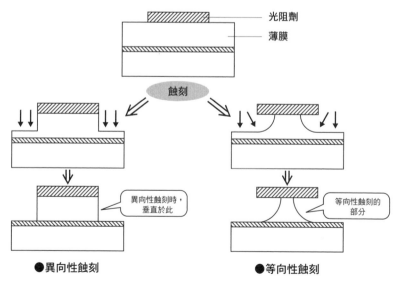

●異向性蝕刻　　　　　　　　　　●等向性蝕刻

側壁聚合物附著模式是指，一般在 **RIE** 狀態下即使在蝕刻製程中也必須將光阻劑進行蝕刻，一部分被蝕刻的光阻劑就會與蝕刻薄膜導體材料以及蝕刻製程反應，以形成被稱之為「聚合物」的薄膜，並附著於光阻劑以及被蝕刻後的側壁上。該聚合物就會成為抑制橫向蝕刻、僅朝垂直方向進行蝕刻的保護膜（圖 2-B）。

　　使用金屬配線的鋁金屬乾式蝕刻，雖然已經使用了氯氣，但是蝕刻後附著於晶圓之氯氣與反應物（$AlCl_3$）會再與空氣中的水分進行反應而產生鹽酸。此時為了避免造成鋁金屬腐蝕（Erosion），蝕刻後不得將其暴露於空氣中，必須進行氧氣等離子處理及水洗處理。除了鋁金屬以外，氧氣等離子處理及水洗處理方法亦可作為蝕刻後用來快速去除附著於晶圓上的蝕刻氣體與反應生成物等方法。

　　另一方面，**等向性蝕刻**則是所有的蝕刻方向都一致。因此若使用光阻劑等光罩之蝕刻，就會從光罩端開始進行橫向的蝕刻，因而無法獲得符合光罩尺寸的圖形，如欲產生細微的圖形則必須剝除光阻劑。其蝕刻的表面形狀會呈現曲面（圖 2-A）。

　　即使都是屬於乾式蝕刻，圓筒型等離子蝕刻裝置會成為一種等向性蝕刻（圖 2-C）。

●圖 2-B　反應性離子蝕刻（RIE）　　●圖 2-C　等離子蝕刻裝置（圓筒型）
　　　　　聚合物

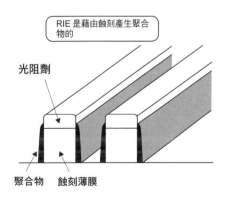

RIE 是藉由蝕刻產生聚合物的

光阻劑

聚合物　　蝕刻薄膜

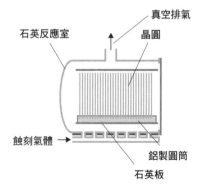

真空排氣

石英反應室

晶圓

蝕刻氣體 →

鋁製圓筒

石英板

光阻剝離・灰化

去除不要之光阻劑

1. 光阻剝（Resist）離裝置

光阻剝離是在蝕刻與離子佈值處理後，去除多餘光阻劑的工程，一般會使用藥水進行濕式剝離。

濕式剝離會在許多個藥水槽內倒入已加熱的剝離液體與有機溶液，依序將每片晶圓浸置其中進行光阻剝離處理後，會有將剝離液體置換並洗淨的有機洗淨部分，待完成後還有純水洗淨及乾燥的部分（圖 3-A）。

裝置的主要構成內容為裝載機・卸載機、剝離・過水・乾燥處理系統、藥水供給・排放系統、控制系統。其他濕式剝離裝置還有像是先在密閉桶內容納數片晶圓，再將剝離液體、有機溶劑、純水分別從噴嘴依序噴入的密閉桶式裝置、葉片式的旋轉剝離裝置等。

2. 灰化裝置

所謂**灰化**是藉由氣體等方式分解、揮發光阻劑的乾式剝離方法。我們可以將灰化裝置大致區分為：在低壓下使用等離子激發氧氣而形成氧氣等離子之**等離子灰化裝置**，以及藉由紫外線（UV）照射臭氧及氧氣等氣體使其分解後產生氧氣自由基之光線（激發）灰化裝置／臭氧灰化裝置。

光阻劑是由碳、氫、氧所構成，因此若與氧氣等離子及氧氣自由基等進行化學反應，就會變成二氧化碳（CO_2）、水蒸氣（H_2O）、氧氣（O_2）等氣體排放出來。

灰化裝置要考慮的除了剝離性與灰化速度外，還必須注意是否有因充電而造成之傷害或薄膜惡化、也希望微粒（Particle）及反應室內的金屬不會因為飛散而再次附著、造成金屬污染。

初期所導入的桶型等離子灰化裝置，大多會藉由清洗台處理方式來提高生產力，但是後來由於充電傷害、Low-k 膜等薄膜惡化、灰化速度混亂等原因而受限其使用範圍；在高晶密度工程用途等方面，目前則是使用葉片式的裝置。

等離子灰化裝置中的葉片式平行平板型裝置，雖然能夠提高灰化速度的一致性，但是由於晶圓被放置於等離子中，因此仍會受到充電時的傷害。就這點來說，從等離子反應室中只能找出有助於進行灰化的氧氣自由基，然而進行灰化的下游灰化裝置（Down Flow Asher）則具有能夠降低充電傷害的特徵。

　　光（激發）灰化裝置是以 UV（紫外線）照射臭氧等氣體後產生氧氣自由基，是藉由化學反應分解、排出氣化光阻劑的裝置（圖 3-C）。可以免除充電傷害、金屬污染、氧化薄膜膜質惡化，也是可以在大氣壓中處理灰化的簡單裝置。

　　臭氧灰化裝置是藉由高濃度的臭氧進行化學反應，以分解、排出氣化光阻劑的裝置，與光線灰化裝置具有同樣可降低充電傷害的效果。

　　其他還有像是在葉片式蝕刻裝置中設置許多葉片反應室，蝕刻處理後即可接著連續進行灰化處理的裝置。

●圖 3-A　濕式剝離裝置（多槽浸置式）

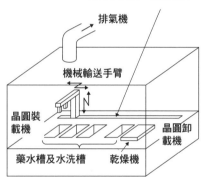

液體溫度控制系統／自動藥水供給・排放系統

排氣機

機械輸送手臂

晶圓裝載機

晶圓卸載機

藥水槽及水洗槽　　乾燥機

●圖 3-B　等離子剝離裝置（桶型）

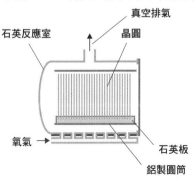

真空排氣

石英反應室

晶圓

氧氣

石英板

鋁製圓筒

●圖 3-C　光線灰化裝置

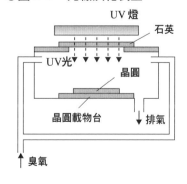

UV 燈

石英

UV光

晶圓

晶圓載物台

排氣

臭氧

3-4

CMP

CMP（Chemical Mechanical Polishing：**化學機械研磨**）是將已成膜之導體材料產生化學反應並且進行機械式的摩擦，加以研磨後使晶圓得以平坦，並將其埋設入溝槽與凹洞之中。

CMP 會將已成膜之氧化層以研磨的方式去除，除了將氧化層埋入 STI（Shallow Trench Isolation）的溝槽部分外，亦使用於接觸孔的**鎢金屬連接線**（埋入），以及將層間絕緣膜等晶圓表面平坦化的工程。使用晶圓支撐頂維持晶圓背部，再將晶圓表面壓至已貼附研磨墊的旋轉台上，於研磨墊上分別將泥狀**研磨液（Slurry）**與支撐頂（晶圓）旋轉（圖 4-A）。凸出部位的研磨速度會比凹入部位的研磨速度來得快，因此去除凸出部位、留下凹入部位即可使晶圓變得平坦。

由於研磨速度會與晶圓壓入之重量及相對速度成正比，研磨壓力、**研磨墊**與晶圓的迴轉速度控制雖然相當重要，但是研磨墊的種類與研磨液的種類及供給流量等也會有所影響。

CMP 裝置的主要是由研磨裝置（研磨盤、晶圓支撐・加壓等）、研磨液供給裝置、研磨液廢液處理裝置（回收・再利用・廢棄等）等裝置構成。也有先統整好研磨後的所有洗淨裝置，再進行研磨—洗淨一

●圖 4-A　CMP 裝置

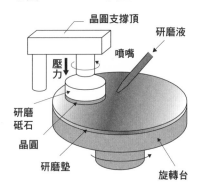

●圖 4-B　CMP 洗淨統合系統

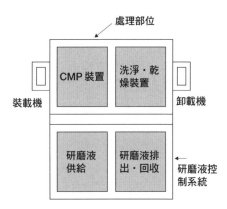

連串的處理（圖4-B）。

在此我們也舉出LSI氧化層CMP（STI）、層間絕緣膜、鎢金屬連接線、金屬鑲嵌（Damascene）製程之銅金屬配線工程，在進行CMP製程時的剖面圖範例（圖4-C～F）。

在CMP製程中，我們可以利用同樣導體材料的凹凸差異來進行研磨，因此無法適切判斷何時應結束研磨工作，而造成因為研磨不足而導致薄膜殘留，或是研磨過度使得殘留薄膜變薄之**凹狀扭曲研磨**（Dishing）、**腐蝕**（Erosion）、細線化（Thinnig）等狀況。一般來說會在研磨中使用渦漩電流以及光學的監控方式，並使用可以準確檢測出終點的監控器。

依研磨墊、研磨液的選擇不同，除了氧化層外，CMP亦適用於鎢金屬（接觸連接線）、層間絕緣膜、銅（金屬鑲嵌配線）等的平坦化研磨動作。研磨亦可依氧化層、銅、鎢金屬等研磨層，選擇適當的溶液與砥石種類。

●圖4-C　氧化層CMP（埋設STI）

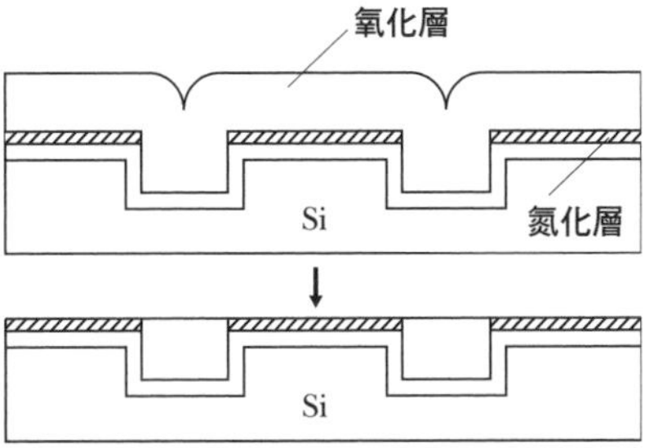

●圖4-D　層間絕緣膜CMP

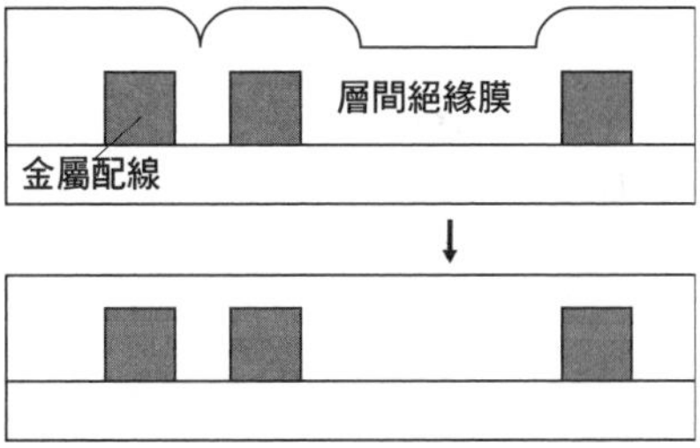

●圖4-E　鎢・障壁金屬CMP

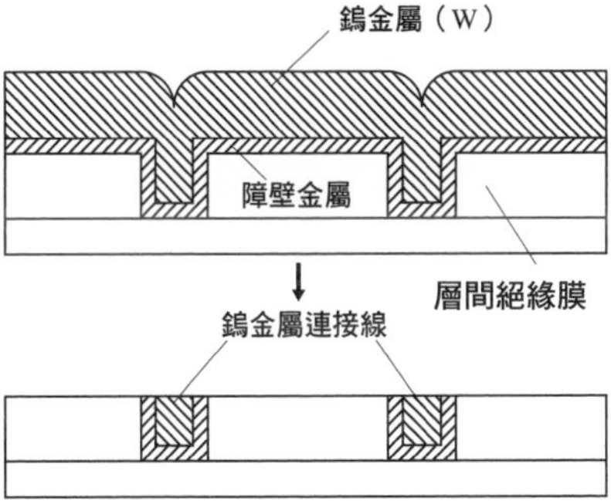

●圖4-F　銅・障壁金屬CMP（金屬鑲嵌配線）

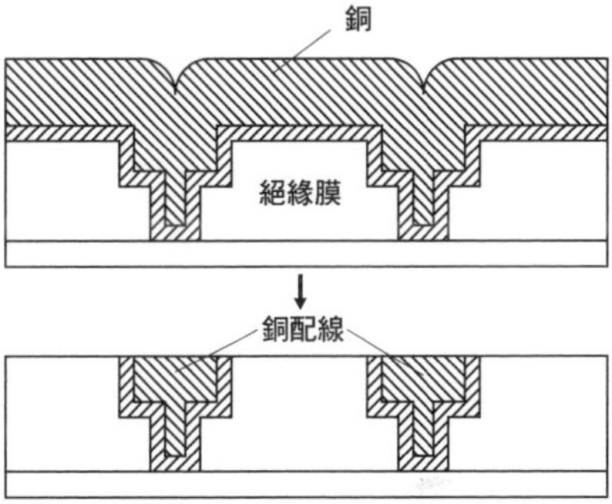

濕式蝕刻

整體蝕刻之主要用途

1. 所謂濕式蝕刻

　　所謂濕式蝕刻是使用藥水進行蝕刻的總稱，一種是將晶圓浸置於藥水中的 Dip 方式，另一種則是在水平放置於旋轉台的晶圓上滴下藥水後使其旋轉的 Spin 方式。

　　濕式蝕刻是一種生產力較高、可以用低成本進行的製程，但是由於其尺寸加工不夠精確，因此僅限於較粗糙的圖形加工及晶圓整體蝕刻等特殊製程。

　　Dip 式是在進行分批處理時生產力較高的裝置，優點是其構造相當簡單。缺點則是較難控制蝕刻的狀況，可能會因為蝕刻反應而產生附著於晶圓蝕刻表面的氣泡。因此並無法用於圖形加工，主要是用於形成閘極氧化層前的氧化層蝕刻，以及使用熱磷酸之氮化層蝕刻等整體性晶圓蝕刻製程。

●圖 5-A　濕式蝕刻裝置

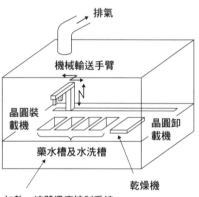

排氣

機械輸送手臂

晶圓裝載機

晶圓卸載機

藥水槽及水洗槽

乾燥機

加熱・液體溫度控制系統
自動藥水供給・排放系統

　　濕式蝕刻的裝置有藥水處理槽・水洗・乾燥系統、藥水加熱・溫度控制系統、藥水供給・排放系統、搬運系統、排氣系統（圖 5-A）。

2. 其他的濕式蝕刻方法

　　噴霧式（Spray）可分為兩種：一種是以葉片處理方式讓噴霧噴嘴在晶圓上掃描（圖 5-B）的方式，另一種則是讓晶圓連續通過噴嘴下方的方式。旋轉式（Spin）與旋轉顯影裝置的構造相同，差異只在於是用蝕刻藥水代替顯影液。

不論上述哪一種方式都可以用於整體蝕刻，但是也有專門用於粗糙的圖形加工方式。

整體蝕刻製程並不會使用光阻劑等蝕刻用的光罩圖形，而是直接將晶圓進行整體性的蝕刻。以下我們簡單舉幾個具有代表性的整體蝕刻範例。

STI 形成製程之氮化層蝕刻是在氮化層完成其所扮演的角色後，將其浸置於**熱磷酸**液體以去除氮化層之製程。蝕刻前，晶圓表面會有氮化層與氧化層。使用熱磷酸時，由於氧化層的蝕刻率比氮化層的蝕刻率低很多，因此若直接將晶圓浸置於熱磷酸中，雖然蝕刻率多少會有點混亂，但是卻能夠在不會大幅度損害氧化層的狀態下去除氮化層。

閘極氧化層形成製程中的氧化層蝕刻，是將氧化層進行濕式蝕刻，並將 MOS 電晶體區域之矽晶表面露出的製程。氧化層濕式蝕刻會使用氫氟酸（氟酸＝ HF ： Hydrofluoric Acid）稀釋液（**DHF** ： Diluted HF）以及混合氫氟酸蝕刻溶液（BHF ： Buffered HF）。在氫氟酸的氧化層蝕刻方面，由於矽晶的蝕刻選擇性（蝕刻率）較高，較不會對矽晶造成損傷，因此可用於濕式蝕刻。

鈷（Cobalt）金屬蝕刻製程是為了將不需要的**剩餘鈷金屬**以蝕刻的方式去除。為了降低 MOS 電晶體的電阻程度，雖然在先前的退火處理中可藉由矽的熱反應形成 $CoSi_2$，但是其他部分則不會形成 $CoSi_2$，而直接殘留下來（被稱之為「剩餘的鈷金屬」）。在這樣的製程中，我們會將晶圓浸置於含有氧類的藥水中，進行濕式蝕刻後再將剩餘的鈷金屬進行蝕刻。

●圖 5-B　溼式蝕刻（噴霧式）

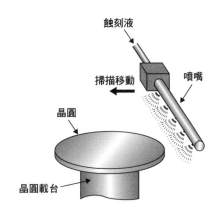

蝕刻液

掃描移動

噴嘴

晶圓

晶圓載台

矽化物（Salicide：Self-aligned Silicide）技術是為了提升 MOS 電晶體的性能、降低閘極、源極、汲極擴散層之寄生電阻，並各自於表面形成之金屬矽化物。將矽露出於事先已形成之**矽化物區域**，再將附著的金屬與露出的矽進行熱反應，並以**自我對準**（Self-alignment）的方式形成矽化物層，最後再將反應過後的金屬（剩餘金屬）藉由蝕刻去除的一種技術（下圖）。

矽化物所形成之金屬，會隨著矽化物的低電阻率、LSI 的細微化以及淺接合技術等要求，而增加對矽化物的低溫化與鄰近矽化物區域金屬物質之**橋接**等控制，也會與鉬（Mo）、鎢（W）、鈦（Ti）、鈷（Co）、鎳（Ni）等發生變化。下表標示出各項矽化物之技術。

● 矽化物製程

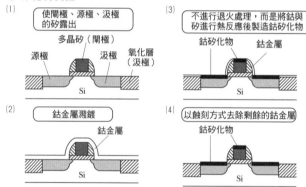

(1) 使閘極、源極、汲極的矽露出
多晶矽（閘極）
源極　汲極　氧化層（汲極）
Si

(2) 鈷金屬濺鍍
鈷金屬
Si

(3) 不進行退火處理，而是將鈷與矽進行熱反應後製造鈷矽化物
鈷矽化物　鈷金屬
Si

(4) 以蝕刻方式去除剩餘的鈷金屬
鈷矽化物
Si

● 矽化物比較

矽化物	電阻率（‰cm）	矽化時的移動原子	矽化溫度（℃）
矽化鉬（MoSi）	100	Si	1000
矽化鎢（Wsi）	70	Si	950
矽化鈦（TiSi）	12	Si	750 ～ 900
矽化鈷（CoSi）	20	Co	550 ～ 900
矽化鎳（NiSi）	20	Ni	350 ～ 750

不純物質（摻雜）導入裝置①

離子佈植

晶圓的矽基板極多晶矽具有 N 型或是 P 型的導電性，**離子佈植**是將磷（P）、砷（As）、硼（B）等不純物質離子化並導入（**摻雜**：Doping）晶圓之製程。

離子佈植通常會用光阻劑圖形覆蓋於晶圓上還沒有被佈植離子的部分，不過，其實也只有這些必要的部分需要將離子進行摻雜。佈植的深度與佈植量（**劑量**）會根據**加速能量**與離子電流做不同的控制。為確保 LSI 電力特性與信賴度，我們會根據每一製程所導入的不純物質種類以及離子佈植的深度、佈植量、情況不同、選擇不同的佈植角度後進行佈植。

離子佈植裝置是適用於加速能量與劑量的裝置，可大致區分為**中電流離子佈植**裝置、**高電流離子佈植**裝置、**高能量離子佈植裝置**裝置等。

此外，由於只有在將離子佈植於矽上時，才不會具有導電性，因此為了能活化佈植之離子必須先進行熱退火處理（Anneal）。為了儘量減少加熱及工程次數，當然也會有讓 RTA（Rapid Thermal Anneal：快速熱退火處理）與其他熱退火處理併用的情形。

整個裝置皆維持在真空的狀態下，因此必須藉由質量分析器從各個不純物質的離子來源選擇出多種離子，也必須將離子加速、以佈植至晶圓上。

●圖 6-A　離子佈植裝置

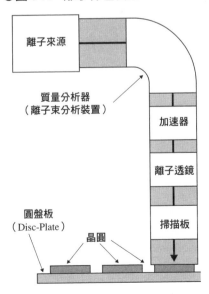

離子來源

質量分析器
（離子束分析裝置）

加速器

離子透鏡

掃描板

圓盤板
（Disc-Plate）

晶圓

將數片晶圓載於圓盤板（Disc-Plate）之上，並設置於處理室內，以進行 1 個批次的佈植處理。當圓盤板上的晶圓皆處理完成後，即可替換該平板（圖 6-A）。

　　摻雜裝置主要的構成內容是離子源、離子束加速器、質量分析器、離子透鏡、掃描板、處理反應室以及各系統的真空排氣。

　　各部分的機能如下所示：

　　離子源：分子與電子衝撞所產生的離子。

　　離子束加速器：施加高壓、使離子加速。

　　質量分析器：從離子源所產生的離子束，由於有複數的離子存在，僅從中挑選出能夠佈植的離子種類。

　　離子透鏡：將離子束整形、縮小光圈。

　　掃描板：藉由高周波電將離子束掃描後全面性佈植於晶圓上。

　　處理反應室：處理圓盤板上所承載數片晶圓之離子佈植。

Column　離子佈植光罩

　　前面我們已經提到離子佈植是以光阻劑等僅在必要的部分選擇性地佈植離子的方式，在此僅作一些補充說明。

　　離子佈植裝置是設置於處理反應室內，將離子佈植於整片晶圓上之際，若有一些不想要被離子佈植到的部分就必須以光阻劑予以覆蓋。在這樣的情況下，於晶圓上佈植離子時，僅於需要的部分佈植離子即可。此時所用的光阻劑即被稱之為「離子佈植光罩」。

　　上述這樣的離子佈植方式，通常可以用光阻劑作為離子佈植的光罩，不過仍然必須根據各個離子的種類及佈植的能量不同，而選擇不會滲透過光罩的薄膜厚度。

　　此外，離子佈植過程中會將吸附於光阻劑的氣體排放出來，因而可能會使佈植裝置的空氣惡化，也可能影響到 LSI 的電力特性。因此，必須選擇適當的光阻劑導體材料，並且進行光阻劑的硬烤製程。

3-7 不純物質（摻雜）導入裝置②

新的不純物質導入技術

隨著 LSI 細微化、淺接合技術的發展，希望能夠使用更低能量的佈植方式，以及縮短佈植時間等課題開始浮現。為了克服這些課題因而開發了團塊佈植（Cluster Ion Implantation）、等離子摻雜（Plasma Doping）、雷射摻雜（Laser Doping）等技術。

1. 團塊佈植技術

團塊佈植技術是將分子量大的物質進行離子佈植的方法。特色是可以縮短佈植時間，減少能量分散等。

舉例來說，雖然換成硼（B）離子，將原本 $B_{10}H_{14}$（Decaborane）、$B_{18}H_{22}$（Octadecaborane）等分子量較大的物質以較高的能量進行佈植，但是其實在低能量進行佈植的情況下也能夠獲得同樣較淺的硼離子佈植層。因此完全不需要特別專門的裝置，使用目前的裝置即可因應。

2. 氣體團簇離子束技術（GCIB：Gas Cluster Ion Beam）

氣體團簇離子束技術是將數個～數千個原子或分子集合而成的氣體狀團塊（cluster）離子化、加速，並且照射至晶圓的技術。例如將原子 1000 個團塊以 10KeV 加速時，使用氣體團簇離子束技術每 1 原子所受到的能量是 10eV。我們也可以藉由此項超低能量的照射效果，持續開發今後 LSI 所需之極淺離子不純物質導入技術（圖 7-A）。

3. 等離子摻雜技術

等離子摻雜技術是一種可望進行淺接合的方法。此項技術是在減壓反應室內導入包含摻雜之不純物原子氣體、激發等離子、使不純物質離子化、並於晶圓上施以負極的偏壓，以進行不純物質離子的摻雜。

裝置構造基本上有等離子 CVD，以及同樣與等離子蝕刻裝置相同的反應室、等離子源、及真空排氣（圖 7-B）。

與一般的離子佈植狀態比起來，等離子摻雜技術可在低電壓、低溫的狀態下進行高濃度的不純物質摻雜，並且具有可藉由晶圓加熱以抑制缺陷產生、進行低溫化退火處理、以及提升生產效率等優點。

　　此外，不只是平面，也可以進行側面的摻雜，未來亦期待可適用於三次元構造的 MOS 電晶體等方面。

　　而其會面臨到的課題則是可能會有摻雜離子之外的離子混入、摻雜量重現能力以及精確度等問題。

4. 雷射摻雜技術

　　雷射摻雜技術是將晶圓放置於減壓反應室內，再將不純物質氣體導入反應室內，照射紫外線區域波長的雷射光，以將不純物摻雜的部分晶圓作局部性的溶解，再於溶解的部分進行不純物質的摻雜。

　　使用這樣方法可以降低缺陷的產生，也具有不需活性化退火處理等優點。雷射光的部分則主要是使用準分子雷射（Excimer Laser）的方法。

●圖 7-A　氣體團簇離子束裝置　　●圖 7-B　等離子摻雜裝置

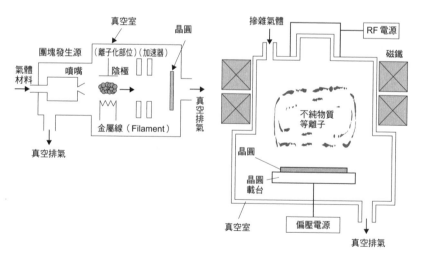

氧化膜蝕刻（逆向蝕刻）

閘極側壁以自我對準方式形成絕緣膜

　　逆向蝕刻並不是藉由光阻劑等光罩來進行晶圓加工，而是在晶圓表面形成的薄膜之上作整體式的蝕刻。這樣的處理是將晶圓上形成的薄膜藉由異向性乾式蝕刻方法，使晶圓表面平坦、平滑化（讓有段差的邊角下降）、以進行溝內埋設、並且讓薄膜殘留於段差側面的製程。

　　閘極多晶矽的側壁形成工程，通常用於多晶矽側壁上的氧化層側壁以**自我整合**方式形成之際。

　　接下來就讓我們簡單說明一下所謂的逆向蝕刻的製程。待形成多晶矽圖形後，就會形成氧化層。之後，即以異向性乾式蝕刻方式進行蝕刻。由於段差側面平坦部位的氧化膜較厚，因此蝕刻會進行到平坦部位的氧化膜消失為止，最後只有段差側面會殘留氧化膜，這部分就會成為多晶矽的側壁氧化膜（圖8-A）。

　　平坦化表面會形成光阻劑等塗佈類的薄膜，我們就可以利用塗佈薄膜凸出部位變薄的狀態下進行逆向蝕刻。

　　裝置通常會用於反應性離子等蝕刻製程（圖8-B）。

●圖8-A　逆向蝕刻（形成閘極側壁）　●圖8-B　反應性離子等蝕刻（平行平板型）

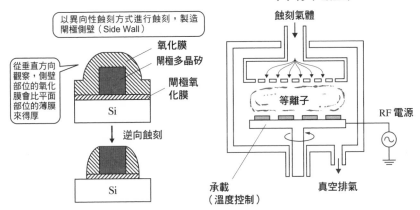

PVD（物理氣相沉積）裝置①

濺鍍

PVD（Physical Vapor Deposition：物理氣相沈積）是不使用化學反應，僅藉由物理作用以氣相狀態形成薄膜的方法，其中有濺鍍、真空蒸鍍（Evaporation）、離子噴鍍（Ion Plating）等。LSI 製程中最普遍使用的是濺鍍法。

所謂**濺鍍**是指，當高速原子與離子於固體導體材料上產生衝撞時，因該衝撞而使固體導體材料的原子與分子彈出的現象。被濺鍍的原子與分子會附著於晶圓等基板、而形成薄膜，此方法就被稱之為濺鍍法。由於讓較重的原子去衝擊分子的效率較佳，因此在 LSI 製程中使用的是氬（Ar）。在 LSI 製程中除了能夠形成金屬層與絕緣膜，還會形成鈷（Co）、鋁（Al）、鈦（Ti）、氮化鈦（TiN）等薄膜。

濺鍍方式是先將已設定好的**靶材**及晶圓，放置於低壓真空室內以及其對面。將氬（Ar）放置於真空室內，並將靶材側面設定為陰極，再激發等離子以產生氬離子（Ar⁺）。接著，我們將已形成的氬離子設定為靶材（Target）並進行衝撞，靶材中的原子就會被彈出，並附著於對面所設置的晶圓之上（圖 9-A）。

比起真空蒸鍍，濺鍍附著粒子的能量較高（數 10eV），對晶圓的附著力也較高，合金、化合物的靶材組合比例幾乎與已形成之膜相同，具有可以附著於高熔點之導體材料及絕緣層等特色。此外，由於濺鍍來源是靶材組合的部分，因此會從許多方面飛來原子、分子；與真空蒸鍍相比，濺鍍在躍階式覆蓋率（Step Coverage）方面具有優越性。

●圖 9-A　濺鍍

低壓狀態下激發等離子以產生氬離子，再將靶材彈出、並附著於晶圓之上。

Ar 氣體
晶圓
靶材
Ar⁺　Ar⁺
靶材
水冷
補強板（Bucking Plate）
直流或高頻電源
真空排氣

此外，將氮與氧等氣體混合後所產生的反應性氣體放置於濺鍍空氣中，此時若使用濺鍍法即可得到靶材之氮化膜與氧化膜。該方法被稱之為「**反應性濺鍍**」。舉例來說，在導入氬與氮之混合氣體時若使用靶材—鈦（Ti），即可以將氮化鈦（TiN）附著於晶圓之上。

裝置方面，我們可以在外部空氣與濺鍍反應室（處理室）間設立以真空排氣的加載互鎖真空室，並且可以藉由閘閥開關從真空室存取晶圓（裝載機・卸載機）。

晶圓處理是先將晶圓從裝載埠搬運至加載互鎖（LL）真空室後，再將 LL 進行真空排氣。

●圖 9-B　濺鍍裝置（葉片加載互鎖式）

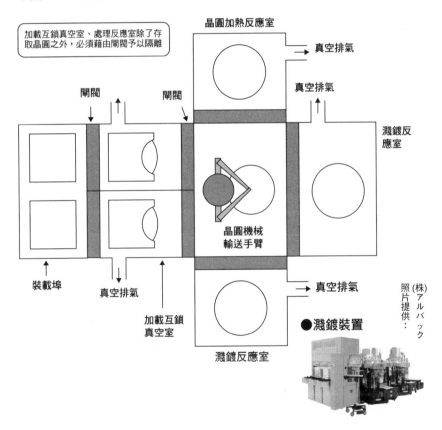

加載互鎖真空室、處理反應室除了存取晶圓之外，必須藉由閘閥予以隔離

晶圓加熱反應室

真空排氣

真空排氣

濺鍍反應室

閘閥　　閘閥

晶圓機械輸送手臂

裝載埠　　真空排氣

真空排氣

加載互鎖真空室

濺鍍反應室

●濺鍍裝置

照片提供：(株)アルバック

隨後藉由閘閥的開關，即可將晶圓搬運至處理室以進行各種處理。

由於是透過加載互鎖真空室進行晶圓的存取，因此必須小心不能讓濺鍍反應室等暴露於外部空氣之中，如此才能連續、並且穩定地進行濺鍍（圖9-B）。

濺鍍裝置的主要構成內容有裝載機・卸載機、加載互鎖真空室、處理系統、傳送塑膜反應室、等離子電源、真空排氣系統。

濺鍍裝置的種類方面則可依電源區分為 RF 電源以及 **DC 電源方式**；以處理方式則可分為清洗台式及葉片式。舉例來說，一般濺渡的方法中，若使用 2 極 DC 濺鍍法，為了能夠穩定持續放電就必須要有較高的氣壓（1～10Pa），但是也會因為形成膜上所殘留的氣體而造成影響。除此之外，晶圓會因為等離子而受到損傷，因而有會使晶圓溫度上升的缺點。

另一方面，**磁控管**（Magnetron）**方式**，是讓靶材背面與側面的磁鐵產生磁場並發揮磁場作用，再將等離子放置於靶材附近，以產生高密度的等離子方式。如此一來就不會產生 2 極 DC 濺鍍法所擁有的缺點。甚至還具有可快速濺鍍的優點（圖9-C）。

RF 電源方式，是在靶材上加上高周波（13.56MHz），讓絕緣膜也能夠進行濺鍍的方式。

其他的濺鍍方法還有像是 ECR（Electron Cyclotron Resonance：電子迴旋共振）方式。ERC 方式是讓微波（2.45GHz）與磁鐵以電子迴旋共振的方式產生等離子，並於附有電壓的靶材側面，從等離子中取出離子，再將衝撞的靶材進行濺鍍的方法。由於這個裝置能夠個別控制等離子形成與離子加速狀態，因此可以形成用來抑制晶圓受損的保護薄膜。

●圖9-C　磁控管濺鍍裝置（葉片式）

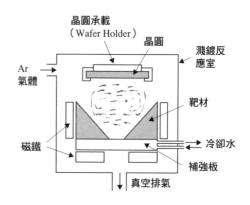

3-10 PVD（物理氣相沉積）裝置②

1. 準直濺鍍（Collimate Sputtering）、長拋濺鍍（Long Throw Sputtering）

為了讓細微孔洞與溝槽側面・底面之附著率變得更好，因而採用準直濺鍍與長拋濺鍍法。**準直濺鍍**是在晶圓與靶材間設置格子（Collimate），再以與晶圓垂直的方向，將彙整後的濺鍍原子附著於晶圓的方法。如此一來，能夠提高縱橫尺寸比的細微孔洞與溝槽等的附著率（圖10-A）。

長拋濺鍍是提高真空程度，並在與濺鍍原子平均自由徑同樣的程度下，拉長與靶材間的距離，再於與晶圓垂直的方向，將彙整後的濺鍍原子附著於晶圓的方法。能夠提高縱深尺寸比的細微孔洞與溝槽等的附著率。

2. 離子束濺鍍

離子束濺鍍（Ion Beam Sputter）是從離子產生裝置將加速的離子對靶材入射後，再將靶材濺鍍於晶圓的技術。可以個別設定離子來源的條件進行濺鍍，不需要激發等離子就能夠在高度真空中形成薄膜（圖10-B）。然而，濺鍍的速度緩慢卻是一大困難點。

●圖10-A　準直濺鍍裝置　　　　　●圖10-B　離子束濺鍍裝置

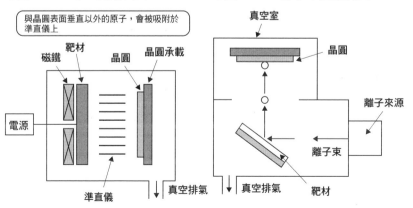

3. 濺鍍以外的 PVD 技術

濺鍍以外的 PVD 技術有：真空蒸鍍技術、離子噴鍍技術以及 MBE（分子束磊晶）技術等

⑴ 真空蒸鍍技術

真空蒸鍍技術（Vacuum Evaporation）是在真空室（Belljar）內，將附著於上的導體材料加熱後溶解、氣化後，再附著於晶圓之上。真空的狀態下比較容易使導體材料氣化，亦可減少與蒸氣等殘留氣體衝撞等所造成之影響，並且形成不純物質較少的薄膜。

加熱方式有電子束加熱（圖 10-C）、電阻加熱、高頻誘導加熱等方式。不適用於高熔點材料與形成合金薄膜。此技術的原理及裝置構造相當簡單，因此較容易維護。

⑵ 離子噴鍍技術

離子噴鍍技術（Ion Plating）技術是在真空室內以電子束等方式使導體材料溶解、氣化並產生等離子，再於離子化後將其附著於晶圓之上（圖 10-D）。

特徵是能夠讓附著於晶圓上薄膜成為擁有高黏接強度以及高機械強度的薄膜。

⑶ MBE（分子束磊晶）技術

MBE 在超高真空室內擁有多個蒸發來源，蒸發的分子並不會與其他氣體分子衝撞，而是直接附著於晶圓之上。由於其擁有高精確度組合以及可以控制單元子層的薄膜厚度，因此不適用於成膜速度較為緩慢的量產方式。

●圖 10-C　真空蒸鍍裝置（電子束加熱）●圖 10-D　離子噴鍍技術

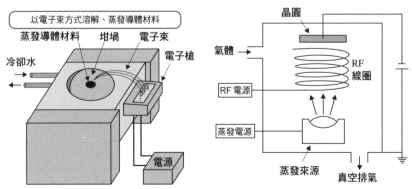

3-11

熱處理（退火）

非活性氣體中之晶圓熱處理

　　熱處理（退火）是將晶圓放置於氮氣等非活性氣體中以進行熱處理，以用來將活化離子佈植之不純物質、以及將金屬成為矽化物的製程。舉例來說，適用於將鈷與矽進行熱反應（溫度為 600～800 ℃ 左右），以形成矽化鈷（CoSi）之情況。

1. 燈管式退火（lamp anneal）

　　退火裝置方面，為了降低晶圓的熱流程，因此會使用燈管方式進行快速加熱（**RTA**： Rapid Thermal Anneal），一般來說會使用在短時間內即可退火的葉片式裝置（lamp anneal）（圖 11-A）。

　　退火裝置的主要構成內容有裝載機·卸載機、處理反應室、加熱燈、氣體控制、溫度控制、排氣。

　　和爐管式的熱處理裝置比較起來，使用燈管式加熱的熱處理裝置能夠急速讓晶圓溫度上升、下降（急升溫、急降溫），因而被稱之為 RTA 。為了與前瞻性的產品進行淺接合，必須儘可能在短時間完成熱處理的工作。因此，離子佈植後的活化退火處理，大多會使用燈式退

●圖 11-A　燈管式退火　　　　　●圖 11-B　雷射退火

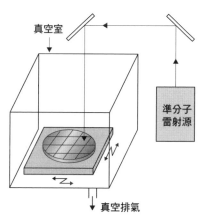

火裝置。

　　最近前瞻性的產品都期望能夠更加縮短處理時間，因此不斷開發出瞬間退火（Spike Anneal）技術、閃光退火技術（FLA ： Flash Lamp Anneal）等。其他依加熱方式種類不同，還有雷射退火技術（Laser Anneal）、電子束退火技術（Electron Beam Anneal）等。

2. 準分子雷射（excimer laser）

　　準分子雷射是將雷射脈衝以數奈米秒照射後使矽表面熔化，再藉由活化與佈植離子的方式，使矽結晶受損部位恢復（再結晶化）的技術（圖11-B）。不用再將整個晶圓加熱，只要稍微讓最表層的部分熔解，就可以將熔解部分的不純物質擴散，也可以形成非常陡峭的接合圖形，並且擁有高度的活性。

　　作為雷射光源的有 XeCl 準分子雷射（波長 308nm），以及 KrF 準分子雷射（波長 248nm）等。由於只有在表面最外層進行處理，雷射熔解層下方就無法再進行結晶化，因此缺點是容易產生接合漏電的情形。為了因應這樣的缺點，有些時候也會併用低溫 RTA（800 ℃左右）進行熱處理。

3. 爐管型

　　熱處理裝置中還有一種是爐管式的裝置。該裝置是用加熱器從爐管（Tube ：以圓筒型石英等物質製造）周圍開始加熱至一定的溫度，以便讓爐管內的氮氣流出。再將好幾片的晶圓承載於晶圓埠後，放入爐管中央，並在一定的時間內進行加熱處理（圖11-C）。

●圖11-C　熱處理裝置（爐管型）

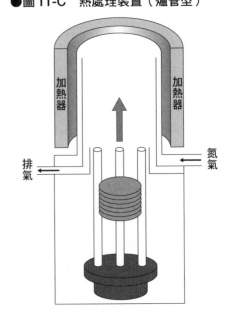

3-12

鍍膜

將配線用的銅金屬做全面性的鍍膜

鍍膜製程是用於金屬鑲嵌（Damascene）配線的製程，是在配線金屬的銅鍍膜液中處理、並形成薄膜的製程。

鍍膜可分為：有電鍍（Electro Plating）與無電鍍（Electroless Plating）兩種；金屬鑲嵌製程會用於較厚的薄膜鍍膜作業，因此會選擇使用電鍍的方式。進行銅鍍膜時，會將晶圓表面浸置於含有硫酸銅等銅金屬鍍膜液（將銅金屬液化之電解質溶液）之中，將晶圓作為陰極、鍍膜液作為陽極後讓電流通過即可於晶圓上解析（形成）出銅膜（圖12-A）。

金屬鑲嵌製程的鍍膜為了形成配線，必須要在細微且具有高縱橫尺寸比率的溝槽及裸洞中製造出沒有接縫或空隙的配線，還必須要在與凹下部位同樣高度的平坦狀態下才能夠形成銅膜。

該裝置是在晶圓表面下方放置鍍膜凹槽，再將從鍍膜凹槽下方噴出鍍膜液與晶圓表面接觸後進行鍍膜的噴流式鍍膜裝置（圖12-B）。

●圖12-A　電鍍

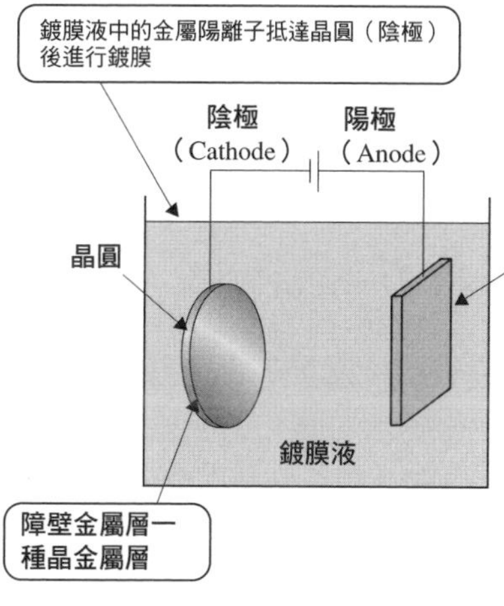

鍍膜液中的金屬陽離子抵達晶圓（陰極）後進行鍍膜

陰極（Cathode）　陽極（Anode）

晶圓

金屬電極

鍍膜液

障壁金屬層─一種晶金屬層

●圖12-B　鍍膜裝置

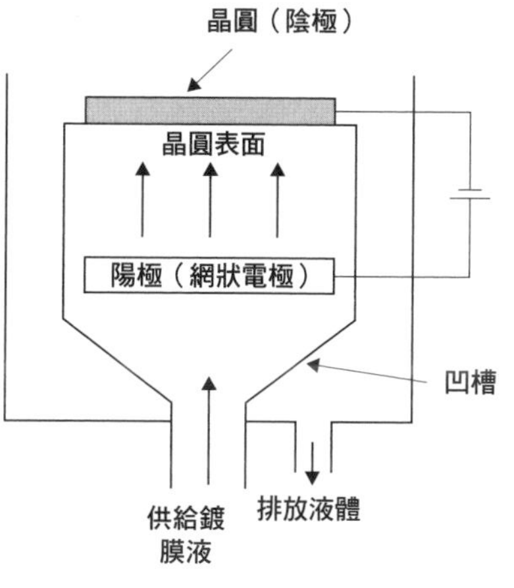

晶圓（陰極）

晶圓表面

陽極（網狀電極）

凹槽

供給鍍膜液　　排放液體

鍍膜速度是由鍍膜液的種類、通電電流、鍍膜溫度來決定的，因此鍍膜的薄膜厚度可以藉由鍍膜的處理時間來控制。

鍍膜裝置的主要構成內容是裝載機·卸載機、鍍膜處理、洗淨·乾燥處理、鍍膜液供給·溫度控制·液體管理系統、液體排放處理（圖12-C）。

●圖12-C　鍍膜裝置

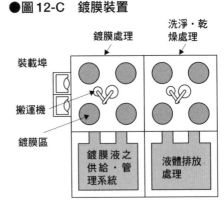

LSI之所以會採用銅配線的理由是因為電阻較低，且電子遷移（**EM**：Electro-Migration）的耐性較高。此外，為了達成上述期望，銅金屬鍍膜的晶粒尺寸（grain size）必須一致、不能有不純物質混入其中、薄膜內部也不能產生空隙、必須在沒有空隙的狀態下埋入細微的洞與溝槽內部、表面必須平滑、且依配線圖形的粗密（圖形少的區域與密集的區域）狀態來降低鍍膜混亂的情形。

今後，銅金屬鍍膜必須面對的還有種晶金屬層的薄膜化，以及去除種晶層直接對隔離膜進行鍍膜等課題。

種晶金屬層的薄膜化，是指在電鍍的情況下，以晶圓上所附著的種晶層為主，會環繞在整個晶圓周圍形成導電層。種晶層薄膜化會提高電阻能力，因此在與晶圓接續的端子附近，以及與晶圓分離的部分會產生鍍膜厚度上的差異，想要薄膜化反而會產生更多的問題。

除了電鍍外，還有一種是無電鍍。此方法是不需要使用電能於金屬水溶液中的金屬離子，而是透過置換反應或是氧化還原反應，對金屬進行鍍膜的方法。由於鍍膜的速度很慢，因此不適用於較厚的成膜作業。

此外，銅金屬是相當容易在矽中擴散的金屬，若銅金屬在矽中擴散恐會造成迴路短路的情形。因此，在製造生產線中的鍍膜裝置，以及欲處理已完成銅金屬鍍膜晶圓時必須特別注意，銅金屬的 CMP 製程也必須與其他的製程進行隔離。

其他技術・裝置①

磊晶成長、熱擴散

1. 磊晶成長

　　使用 LSI 的晶圓雖然是單晶矽，但是在晶圓上形成與晶圓具有同樣結晶構造的單晶薄膜則稱之為磊晶（Epitaxy）或是磊晶成長（Epitaxial Growth）。一般來說，通常會使用低壓化學氣相沈積（CVD）。氧化層與氮化層的 CVD 裝置雖然相同，但是在磊晶成長中必須要讓單晶成長，因此必須要有相當高的成形溫度（約為 1000 ℃ 以上），以及能夠輕易控制薄膜形成表面的裝置結構。

　　磊晶成長裝置的主要構成內容有：裝載機・卸載機、真空處理反應室、氣體控制、加熱・溫度控制、真空排氣（圖 13-A）。

　　化學氣相沈積以外的方法還有固態磊晶（Solid Phase Epitaxy）成長、分子束磊晶（Molecular Beam Epitaxy）成長、原子層磊晶（Atomic Layer Epitaxy）成長、液相磊晶（Liquid Phase Epitaxy）成長等。

　　磊晶成長再進一步還有形成與基板相同材料薄膜之同質磊晶（Homoepitaxy）成長、結晶格子定數、結晶方位、導體材料等形成不同薄膜之異質磊晶（Heteroepitaxy）成長。

　　除了將晶圓全面性進行磊晶成長外，還有可以將被氧化層與氮化層所覆蓋之晶圓，其所露出的矽晶部分進行**選擇性的磊晶成長**，亦有範例可使用於歪斜構造

●磊晶沉積裝置

●圖 13-A　磊晶成長裝置
　　　　（低壓 CVD）

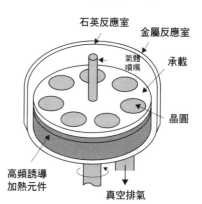

石英反應室　　金屬反應室

氣體噴嘴　　承載

晶圓

高頻誘導加熱元件

真空排氣

的矽晶或 3 次元的電晶體製造。

2. 熱擴散

在將不純物質導入（摻雜：Doping）矽晶的方法中，除了離子佈植外還有一種是**熱擴散法**。所謂熱擴散是將晶圓加熱、藉由摻雜的氣體將其所含有的不純物質以熱氣方法擴散至矽晶之上的方法。雖然暴露在外的矽晶會被擴散，但若是較厚的、被氧化層及氮化層覆蓋的薄膜則無法進行擴散，因此只能選擇性的進行不純物質的摻雜。

裝置方面會使用熱擴散爐，並從爐管（Tube：以圓筒型石英等物質製造）周圍開始加熱至 1000℃左右，再將好幾片的晶圓承載於晶圓埠後，放入爐管中央。此時不純物質會流出，並且需要一定的時間進行加熱處理，即可將不純物質擴散於矽晶所露出的部份。

熱擴散裝置的主要構成內容有：裝載機・卸載機、爐管、加熱器・溫度控制、氣體控制、排氣管。

裝置類型方面則分為將管子水平放置的橫型爐（圖13-B），以及將管子垂直放置的縱型爐。

由於矽以外的氧化層表面也會包含有不純物質的玻璃層，因此可以在很薄的氧化層下將不純物質以熱擴散方式擴散到矽晶上。依擴散條件不同，必須將沒有擴散到不純物質的部份，形成一具有適切厚度的氧化層。

此外，由於必須將晶圓進行熱處理及擴散，因此難以獲得較淺的不純物質摻雜，由於不純物質是以等向性擴散、且會朝橫向擴散，因此並不適用於細微化、淺接合化的作業。

●圖13-B　熱擴散裝置（橫型爐）

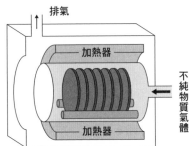

排氣

加熱器

不純物質氣體

加熱器

其他技術・裝置②

絕緣膜塗佈、奈米壓印

1. 絕緣膜塗佈

我們大多會使用 CVD 、 PVD 等方法形成薄膜，但是如欲形成氧化膜及 Low-k 層（低介電常數）等絕緣膜就必須使用塗佈溶液成膜的方法，並使用旋轉塗佈之 **SOD**（Spin On Dielectric）。 SOD 是將氧化膜與有機聚合物（高分子）等容易進行旋轉塗佈，待形成一致的薄膜之後，再以熱處理方式進行固化而成的方法。

旋轉塗佈裝置是使用與光阻劑塗佈基本構造相同之 Spin Coater（旋轉塗佈裝置）。 Spin Coater 是將一片晶圓放置於水平的晶圓載物台上，從晶圓中央以噴嘴滴下一定量的液體狀塗佈液後，再將晶圓進行高速旋轉，使其形成均一的薄膜（例如像是氧化膜等）。

塗佈裝置的主要構造有：裝載機・卸載機、旋轉台、塗佈液供給、浸洗噴嘴、塗佈凹槽、排氣（圖 14-A）。

塗佈膜的薄膜厚度主要是由塗佈液的種類、晶圓旋轉數來控制。

在 Spin Coater 方面，由於從噴嘴滴下的塗佈材料中，真正會在晶圓上作為絕緣膜的使用量其實相當少，而且大部份都會因為旋轉而飛散出去，材料的使用效率並不佳。

除了 SOD 的塗佈絕緣膜方法外，還有一種是**掃描塗佈**。掃描塗佈的方法並不需要將溶液以旋轉方式塗佈，只要數 10 ～ 100µm 左右的劑量，以非常細的噴嘴尖端同樣在整個晶圓上做材料溶液的塗佈即可。由於不會讓晶圓進行旋轉，因此不會飛散至材料溶液的周邊。

●圖 14-A　Spin Coater

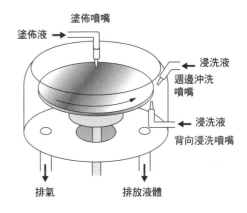

塗佈噴嘴
塗佈液 →
← 浸洗液
週邊沖洗噴嘴
← 浸洗液
背向浸洗噴嘴
排氣
排放液體

此方法的優點是材料使用效率較高，裝置的維護也相當容易。可以從一個噴嘴的前端開始，以一筆劃的方式進行全面性的塗佈，或者用多個噴嘴以線狀方式進行塗佈（圖14-B）。

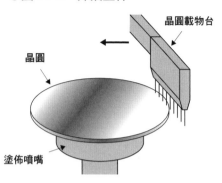

●圖 14-B　掃描塗佈

晶圓載物台

晶圓

塗佈噴嘴

2. 奈米壓印（Nano-Imprint）

曝光裝置的光阻劑可候補取代圖形形成技術，其中有一種就是使用與曝光技術圖形形成方法迥然不同的**奈米壓印技術**。

這個技術是在晶圓上塗佈流動性的塑膜成形（原版）後壓入樹脂內，再將成形之圖形轉印至樹脂上的技術。依據將樹脂軟化或硬化的方式不同，可分為**熱奈米壓印以及（UV）紫外線奈米壓印**。

然而，上述這些方法仍有一些必須面對的課題，像是樹脂會附著於塑膜成形之上、還有雜質等附著會造成塑膜的剝離率提升等缺陷因應對策，還有耐久性問題等無法實用化的課題。因此目前正在開發以氟等離子於塑膜表面進行處理的技術，以改善剝離性的問題。

裝置的優點是只有一些像是加熱、冷卻台以及 UV 照射系統等，都是相當簡單的構造。

其他還有像是將塑膜的突出部位所附著之有機高分子與聚合物轉印於基板，被稱之為軟微影（Soft Lithography）的技術。

熱奈米壓印製程是將 PMMA（聚甲基丙烯酸甲酯：Polymethylmethacrylate）等具有熱可塑性之樹脂塗佈於晶圓之上，將晶圓加熱、軟化至 PMMA 的玻璃移轉溫度（100℃左右）狀態後，再將已經形成凹凸圖形之塑膜壓至 PMMA 之中。

之後，待玻璃移轉溫度下降、晶圓冷卻、樹脂也成為固體後，再將塑膜從晶圓剝離。如此一來雖然已經能夠形成圖形，但是仍然必須以「氧等離子」等方式去除底下所殘留的樹脂薄膜（圖14-C）。塑膜材料方面會使用矽化碳（SiC）、矽（Si）、鉭（Ta）等。

UV 奈米壓印是藉由紫外線將可以硬化的光硬化樹脂，使用可於塑

膜上穿透紫外線的石英
等物質。

其製程流程是先將
晶圓塗佈「光硬化樹
脂」，再將已經形成凹凸
圖形的塑膜壓至樹脂之
上，並配合塑膜的凹凸
圖形變換樹脂形狀。接
著從塑膜背面照射紫外
線，待樹脂硬化後再將
塑膜剝離。最後再將底
面所殘留的薄膜以氧等
離子方式予以去除（圖
14-D）。

由於在塑膜上所使
用的是透明石英等物
質，因此能夠符合晶圓
上的圖形。而且又會因
為紫外線而硬化，因此
其優點是即使加熱，其
尺寸也不會有膨脹、收
縮等變化。

●圖14-C　熱奈米壓印

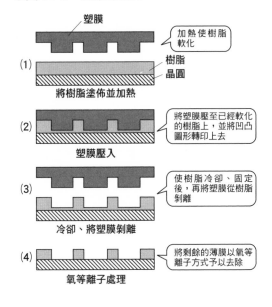

●圖14-D　UV奈米壓印

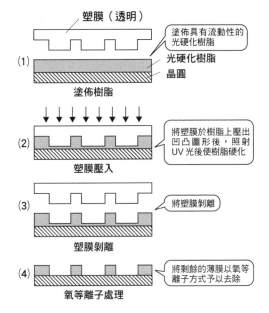

ICP 型（誘導耦合型：Inductively Coupled Plasma）乾式蝕刻

等離子放電時，用天線以誘導耦合的方式使其產生高密度的等離子。其他高密度等離子裝置大多被用於磁場，但是使用磁場往往會對晶圓造成充電性的傷害。在 ICP 則沒有這樣的問題，反而是可以降低傷害的蝕刻製程。

窄縫型（Narrow Gap）乾式蝕刻

為了能夠加快蝕刻速度，必須縮小平行平板型 RIE 上下電極間的距離。由於力量密度較高，因此晶圓溫度變容易提升，必須將晶圓載物台予以冷卻。在 2 頻率類型中，由於可以個別控制等離子密度與離子能量，因此能夠溶液控制蝕刻情形。

NLD 型（Neutral Loop Discharge）乾式蝕刻

藉由磁力中性線附近的電子（因線圈組合而產生的電子）可以產生具有效率的等離子。即使在高度真空的狀態下，也能夠產生密度高、電子溫度低的等離子。由於在外部磁場中亦可以控制等離子的密度，因此能夠控制一致性的蝕刻狀態。

磁控型（Magnetron）乾式蝕刻

將磁場加入平行平板型 RIE 中，藉由磁控型放電即可產生高密度等離子，並加快蝕刻速度。等離子可以產生於較高度的真空狀態下，也可以在高等離子密度狀態下產生密度較低的離子能量。

螺旋波型（Helicon Wave）乾式蝕刻

由於可以使用螺旋波與磁場以提高等離子的密度，因此可以抑制充電所產生的傷害。亦能夠控制等離子來源以及晶圓各自所擁有的偏壓，因此也能夠進行異向性蝕刻。

離子束蝕刻（Ion Beam Etching）

從離子來源中抽出離子，統一其加速方向成一束後才進行蝕刻。可分為反應性離子束蝕刻，以及濺鍍離子束蝕刻。

ECR 型（電子迴旋共振式：Electron Cyclotron Resonance）

透過作為 ERC 離子來源的微波（2.45GHz）與磁場間的相互作用，即可於高度真空狀態下提高等離子密度。

研磨液（Slurry）

用於 CMP 製成的研磨液，其構成成分有砥粒、防腐劑、分散劑、金屬分別生成劑、氧化劑、添加劑等。可促進機械式研磨的砥粒通常會用於氧化鈰（CeO_2）、二氧化矽（SiO_2）、三氧化二鋁（Al_2O_3）等。

以「研磨速度＝係數×相對速度」之公式表示。（Preston's Law）

凹狀扭曲研磨（Dishing）

除了想要被研磨、去除的部份外，還有想要被埋設、留下的部份（STI、插孔、配線等）都可以藉由CMP研磨方式進行研磨。相對於平面，藉由CMP的研磨會於中央呈現出一個皿狀。可以明顯看到被廣泛埋設出的圖形。

腐蝕（Erosion）

指金屬CMP穿越研磨終點部份仍繼續在平面部位的基礎絕緣膜及金屬上進行研磨之狀態。當埋設的金屬圖形有稀疏與密集的部份（稱之為圖形的粗密），就會容易發生在細微金屬圖形較密集的部份。

N型不純物質

在矽原料上導入不純物質時，矽會在N型導電性的不純物質中，使用如砷（As）、磷（P）、銻（Sb）等物質。

P型不純物質

在矽原料上導入不純物質時，矽會在P型導電性的不純物質中，使用如硼（B）等物質。在離子佈植方面也會使用BF_2。

N型導電性

在矽原料中，自由電子會藉由電荷的搬運、產生電流。

P型導電性

在矽原料中，價電子彈出後的電洞會藉由電荷的搬運、產生電流。

中電流離子佈植裝置

用於使用數百μA～數mA的束電流、數KeV～數百KeV，以及佈植量約1×10^{14}離子／cm^2以下的佈植。

高電流離子佈植裝置

用於使用數μA～數十mA的束電流、數KeV～數百KeV，以及佈植量約1×10^{14}離子／cm^2以上的佈植。

高能量離子佈植裝置

用於數μA～數mA的束電流、數十KeV～數KeV的加速電壓佈植。

氣體團簇離子束技術（GCIB：Gas Cluster Ion Beam）

數個～數千個原子或分子集結成塊的狀態稱之為「團簇」，將氣體團簇離子化後加速，並將其照射於晶圓的技術。由於具有低能量照射效果，因此可以進行極淺的離子佈植。

PVD（Physical Vapor Deposition：物理氣相沈積）

不用化學反應即可在物理性的氣相沈積狀態下形成薄膜的方法。除了濺鍍之外，還有真空蒸鍍以及離子噴鍍等方法。相對於 PVD，以化學反應的氣相沈積狀態形成薄膜的方法稱之為 CVD（Chemical Vapor Deposition）。

磁控管濺鍍

將磁石擺放於靶材背面，並在靶材表面附近的空間產生磁場，再將二次電子藉由勞倫茲力進行擺線（Trochoid）運動。如此一來，靶材表面附近就會產生高密度的氬離子，成為一種可提高濺鍍速度的方法。由於磁場作用的關係，具有高能量的電子不會與晶圓衝突，且具有可抑制晶圓溫度上升的效果。磁控管方式可分為 DC 電源與RF 電源兩種。

RF 磁控管濺鍍

使用高頻（13.56MHz）電源的磁控管濺鍍方式，會以絕緣膜作為靶材、形成薄膜。

矽化物（Silicide）

以提升 MOS 電晶體的性能為目的，為了降低閘極、源極‧汲極擴散層的電流寄生電阻（Unaware Ground Impedance），必須先在個別的表面上形成金屬矽化物。如本章中的範例，會先在形成矽化物的區域中露出矽原料，之後再與附著於矽原料上的金屬進行反應，以自我對準（Self-Alignment）的方式形成矽化物層之構造，被稱之為矽化物。已形成矽化物的金屬，為了抑制矽化物的低電阻化、低溫化、以及與鄰近矽化物區域的相同矽化物之橋接，也會與鉬（Mo）、鎢（W）、鈦（Ti）、鈷（Co）、鎳（Ni）等發生變化。此外，為了防止金屬表面氧化，減輕殘留於矽表面之氧化層影響，也有些情況是會將鈦（Ti）等金屬置入，以形成 2 層之架構。

瞬間退火（spike anneal）技術

在短時間以熱處理方式進行急速加熱、急速冷卻的技術，一般來說熱處理的時間是以數秒為單位。但是為了能夠更細微化、淺接合化，還是不斷地開發能夠在更短時間內進行的熱處理技術。

閃光退火技術（FLA：Flash Lamp Anneal）

如氙氣（Xe）燈的閃光燈般，只要一瞬間（數毫秒）的閃光，就能夠快速將晶圓表面升溫、降溫的技術。

電子束退火技術（Electron Beam Anneal）

使用高能量的電子束，將部分晶圓進行部份熱處理的技術。

RTP（Rapid Thermal Process）

藉由紅外線等方式，將晶圓急速加熱處理之流程，通常可以在數十秒左右加熱至1000℃。不過，由於整片晶圓都被加熱，因此降溫必須花費一些時間。

電阻

目前所使用的鋁金屬（Al）電阻率為 $2.8\mu\Omega cm$，銅（Cu）的電阻率較低，為$1.7\mu\Omega cm$ 因此可以使用細微的金屬配線。薄膜的成膜條件與極細的金屬配線都會因為電阻率的數值而提高。

電子遷移（Electro-Migration, EM）

讓電流通過金屬，因為電子流動而產生的金屬移動現象有空洞（void）、突起（Hillock）以及金屬鬚（Whisker）等，並且會依狀況不同而切斷或縮短金屬配線。EM 的耐性會依金屬材料而有所不同，即便是同樣的金屬，還是會因為其金屬本身的結晶粒度大小等條件而對薄膜的形成狀況造成很大的影響。

固態磊晶（Solid Phase Epitaxy）成長

用電子束等方式將單結晶基版上的多晶膜與不定形膜（Amorphous：非晶質膜）進行加熱處理，以形成單晶薄膜的方法。

分子束磊晶（Molecular Beam Epitaxy）成長

將已經形成的元素或包含元素的材料放置於超高真空中加熱、蒸發，並將分子束附著於被加熱的單晶基板，以形成單晶膜的方法。

原子層磊晶（Atomic Layer Epitaxy）成長

在原子層階段中，控制在單晶基板上所吸附與反應的材料氣體，再藉由反覆操作以形成單晶膜的方法。

液相磊晶（Liquid Phase Epitaxy）成長

將成膜材料的過飽和溶液解析出與單晶基板有所接觸的材料，以形成單晶膜的方法。

第 4 章

後段製程（切割～接合）之主要製程與裝置

封裝①

半導體封裝,以下簡稱「**封裝**」,在半導體製程中所扮演的角色如下:①以電路方式將半導體元件(晶片)與外部迴路連接、②從溼度、溫度等外部環境保護晶片,防止因震動、衝撞等原因造成破損或晶片特性惡化、③使晶片容易操作、④協助晶片動作時的散熱等,促使發揮最大的功能(圖 1-A)。

1. 封裝的種類

我們可將封裝製程依形態類別進行分類,若是依一般所使用的印刷配線板實裝方法,則可大致區分為**插入式封裝型**與**表面封裝型**(圖 1-B)。

再者,若依外部端子排列情形進行分類,如圖 1-C 所示,還會有外部端子排列於封裝本體週邊的週邊型(Peripheral)封裝方式與外部端子排列於封裝本體表面的**面矩陣式(Area Array)封裝**方式。

所謂**插入式封裝型**是指,在印刷配線板的貫穿孔上插入外部端子用導線或支桿(Pin)後固定之型態。最具代表性的是導線端子排列於封裝周圍之**週邊型**(Peripheral)DIP、SIP、ZIP,以及讓支桿端子排列於表面之**面矩陣式** PGA。

所謂「表面封裝型」是指,將封裝外部端子裝載於印刷配線板表面後固定之型態。具代表性的是帶有導線端子之週邊型 QFP、SOP、QFJ、SOJ、TCP 以及擁有錫球(Solder Ball)外部端子之週邊型 BGA,而這些封裝中的超小型封裝群統稱為「**CSP**」(圖 1-D)。

2. 各式封裝的特徵

⑴ 插入式封裝型

① **DIP**(Dual-In-Line-Package)是**插入式封裝型**中最具代表性的 IC、LSI 封裝。導線會從封裝本體側面兩邊突出、並從彎曲的肩部向下延伸後,將導線排成兩排。

② **SIP**(Single In-Line Package):從封裝本體的側面抽出導線,並將端子形成一排。

③ **ZIP**（Zigzag In-Line Package）：是 SIP 的變形，將自封裝本體側面
取出之端子以左右交互方式成形，再將導線端子的前端以鋸齒形狀
配置於實裝基板面

④ **PGA**（Pin Grid Array Package）：由於是將端子排列於封裝表面之
面矩陣型（Area Array），因此在 BGA 技術出現之前都被視為是高
性能、多支桿的主力型態。

(2) 表面封裝型（週邊型）

① **QFP**（Quad Flat Package）：海鷗翅型（Gull Wing）導線會從封裝
本體的四個側面突出，並且具有可以進行表面實裝的導線前端平坦
部位。

② **SOP**（Small Outline Package）：海鷗翅型（Gull Wing）導線會從
封裝本體的兩個側面突出後成形。

●圖 1-A　封裝所扮演的角色

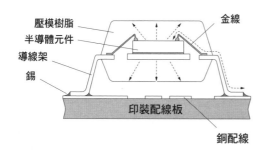

壓模樹脂
半導體元件
導線架
錫

金線

印裝配線板

銅配線

①以電路方式與外部連接
②元件外部環境的保護（熱
　氣、溼度、震動、衝撞）
③使元件容易操作
④元件散熱

●圖 1-B　插入式封裝型與表面封裝型

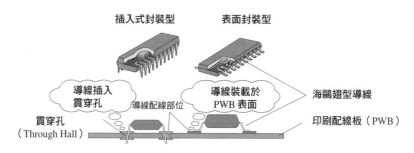

插入式封裝型　　　表面封裝型

導線插入
貫穿孔

導線配線部位

導線裝載於
PWB 表面

海鷗翅型導線

貫穿孔
（Through Hall）

印刷配線板（PWB）

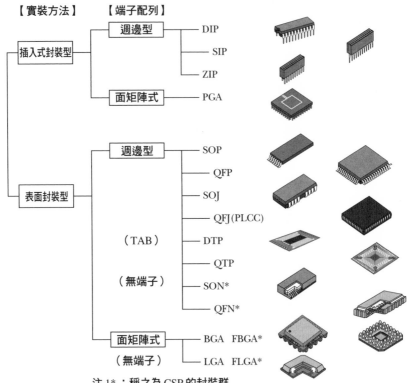

注1*：稱之為 CSP 的封裝群
注2：（無端子）：無端子的封裝 QFN,SON,LGA,FLGA

③ **SOJ ／ QFJ**（J-Lead Package）：是一種讓導線在 J 字型內側彎曲的封裝方式，亦可稱為 QFJ 、 PLCC 。

④ **SON ／ QFN**（No-Lead Package）：並沒有突出於封裝本體外部的導線，而是將電極端子排列於封裝本體外的其中一個側邊。

⑤ **TCP**（Tape Carrier Package）：是使用 TAB 式製程的封裝，使用這種方法的 IC 或 Film Carrier IC 皆被稱之為 TAB IC 。 QTP 是一種讓導線從封裝本體的四個側面突出的 TCP ， DTP 則是採取從封裝本體兩個側向突出的方式。

(3) **表面封裝型（面矩陣式端子型）**

　　BGA（Ball Grid Array）是在封裝本體的其中一面，將錫球端子排

列成面矩陣式的封裝形式。此封裝型具有以下特性：（i）比起以往週邊端子型的 QFP 封裝技術更小型且更具有多支桿的特性，可輕易達到 400 pin 以上、（ii）藉由錫球端子的表面張力之自我對準效果，可輕易統一進行多支桿之平坦化熱處理表面封裝。

① **PBGA**（Plastic BGA）是使用作為封裝基板的塑膠（樹脂）基板，適用於可連接裝載於基板上晶片之打線接合技術。是目前主流的 BGA 方式。

② **TBGA**（Tape BGA）是一種晶片連接技術，可以取代打線接合技術，是適用於 TAB 技術的 BGA。

③ **FCBGA**（Flip Chip BGA）是在連接晶片時，會搭載數千支的支桿（pin），是具有高性能、多支桿的封裝。

④ **LGA**（Land Grid Array）是以焊盤圖案（Land Pattern）來取代 BGA 錫球端子，為一種面矩陣式端子型的封裝。

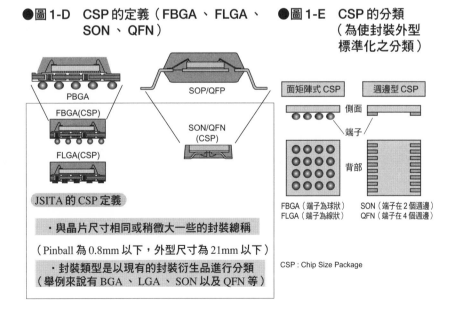

●圖 1-D　CSP 的定義（FBGA、FLGA、SON、QFN）

●圖 1-E　CSP 的分類（為使封裝外型標準化之分類）

PBGA

SOP/QFP

FBGA(CSP)

SON/QFN
(CSP)

FLGA(CSP)

JSITA 的 CSP 定義

・與晶片尺寸相同或稍微大一些的封裝總稱
（Pinball 為 0.8mm 以下，外型尺寸為 21mm 以下）

・封裝類型是以現有的封裝衍生品進行分類
（舉例來說有 BGA、LGA、SON 以及 QFN 等）

面矩陣式 CSP　　週邊型 CSP

側面

端子

背部

FBGA（端子為球狀）　　SON（端子在 2 個週邊）
FLGA（端子為線狀）　　QFN（端子在 4 個週邊）

CSP：Chip Size Package

封裝②

從實裝技術來看半導體封裝的趨勢

　　從 LSI 出現以來，經歷過兩次大型的高密度實裝技術革命動盪（圖 2-A）。

1. 表面實裝技術的出現（實裝技術的第一波革命）

　　第一波是在 1970 年代後半的 LSI 蓬勃發展期，從 DIP 所代表之端子插入式封裝型技術開始，隨後也出現用於一般民生的多支桿型封裝技術（當時為 40 ～ 100pin），因而開發出**海鷗翅型**（Gull Wing）**端子**，且以 QFP 為代表之週邊型（週邊端子）表面實裝封裝型技術。

　　為使電子桌上型計算機（電子計算機）朝向小型化、高機能化、低成本化所開發之 QFP，由於其導線容易彎曲、錫球的作業面也有所改善，因而出現可以對應到 J 字型封裝（PLCC、SOJ 等）的各式表面實裝技術。

　　然而，由於導線彎曲方法仍然有待克服、且因為不利於薄型化等因素尚無法普及，海鷗翅型的封裝技術（QFP、SOP）遂成為主流。同時，由於這些週邊型（週邊端子）封裝的外部端子會從封裝本體的週邊突出，因此在進行實裝時，端子周圍的處理會較為困難，因而會有所限制。

　　另一方面，被要求達到高速化‧多支桿化的高性能元件，為了朝向多支桿化（提高端子密度）的目標，因而產生了面矩陣式（Area Array：面矩陣式排列）的支桿，並且開發出具有高速、高能量特性、散熱性良好之陶瓷（Ceramic）基板所構成之 PGA。然而，由於形狀仍是呈現支桿突出的狀態，因此並不適用於插入式封裝型的表面封裝製程，此外由於陶瓷基板成本較高，因此僅限用於較高級的用途。

2. 表面實裝技術進化，向球閘陣列（Ball Grid Array）實裝技術發展（實裝技術的第二波革命）

　　第二波是在 1990 年代前半，因個人電腦的低價戰爭，出現了具有實裝作業特性與高密度化特性的 BGA（Ball Grid Array）封裝技術。

●圖2-A　半導體封裝之高密度實裝技術革命

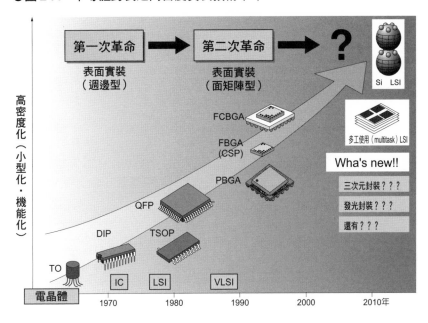

　　個人電腦所搭載之 ASIC 持續往多支桿化技術方面提升，個人電腦製造商也在開始感到 QFP 於多支桿的瓶頸之際，藉由面矩陣型端子配列，開發出可將插入封裝型 PGA 進行表面實裝化之技術；以及 PGA 表面封裝型之 LGA 實裝技術。然而，這些實裝技術是無法整體進行平坦化熱處理的特殊技術，因此尚無法普及化。於是，當時美國最大的個人電腦公司康柏注意到這件事情，因此於 1991 年初次採用多支桿 ASIC 225 pin 之 PBGA。

　　為了實現高密度實裝技術，技術的延革就從具有代表週邊型（週邊端子）實裝封裝特性的 QFP 及 TCP 開始，整個大潮流朝向 BGA（Ball Grid Array）型之封裝技術發展。BGA 的基本型是在多支桿的狀態下，將有利的 PGA 導線支桿端子作為錫球端子，以便使表面實裝技術變得較為簡單，而且封裝基板上並非高價的陶瓷基板，而是所謂的 PBGA，即與價格低廉的印刷配線板同樣帶有玻離纖維的環氧樹脂（Expoxy）材料。

再者，為了能夠達到多支桿化、小型化的目的，因而開始使用封裝基板配線圖形以及有利於半導體晶圓銲墊（Bonding Pad）腳距密集化（Fine Pitch）TAB技術的IC TCP。並且將TCP技術唯一於周邊端子上的缺點，開發成可用作為ball端子之TBGA。

隨後，在超小型化方面，亦開發、量產出外型能與晶片尺寸匹敵之超小型封裝FBGA（BGA型之CSP）。接者，1996年世界首次出現以FBGA成功實裝成一組機器，日本CSP技術因而一躍而上、備受世界矚目（圖2-B）。

●圖2-B　世界上最初的CSP（FBGA／FLGA）實裝案例

（搭載20個FBGA／FLGA）

NEC 208p FBGA
0.5mm pitch
10mm sq.

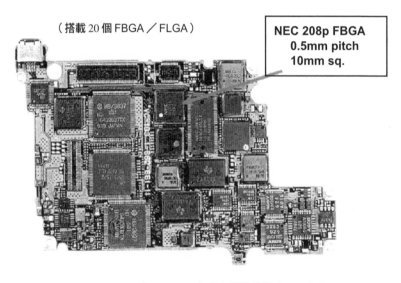

VCR（DCR-PC7）用之實裝基板（1996年）

　　雖然是以攜帶式電子資訊機器為主，但是即便是固定型的電子機器也一樣，小型化、輕量化以及薄型化都是能否成為熱門產品最重要的課題。同時，隨著資訊量不斷增加，伴隨而來的是要能夠滿足高速資訊處理以及魅力商品間差異化的高機能訴求。但是為了滿足高機能的訴求，為了能夠增加所搭載之零件件數以及迴路規模，卻反而成為輕薄短小化的阻礙。因此高密度實裝技術在此就有了逐漸被需要的理由。

　　一般來說，在機器組裝方面，位居心臟重點部位的半導體元件（LSI元件），不再只是用以往的QFP，而是藉由適用於小型化、高性能化的BGA封裝技術、可實現高機能化的各式模組，或是為了達到高性能化、小型化之裸晶封裝（Bare Chip）等型態，再依據各種電子零件搭配不同的印刷配線板。近年來，為了降低環境負荷也採用無鉛（Pb-free）的銲錫接合技術。再者，為了因應資訊高速且大容量之訴求，新興電子實裝技術即藉由高速迴路設計、高密度實裝應力解析來驅使實裝設計等設計及模擬技術，並蔚為主流。

●所謂高密度實裝技術

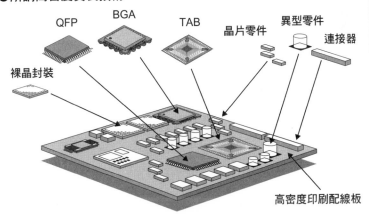

LSI 後段製程方法

將 LSI 裝置以封裝方法收納

在前段製程中，LSI 元件會先在晶圓基板上燒出一個迴路，再把數百個半導體元件（晶片）嵌至一張晶圓上。經由晶圓檢查過程判定出每一片晶片的良莠後，即會將每一片晶片分離，再重新組合成讓客戶可以輕鬆處理的半導體封裝形狀。之後，便將其視為一個半導體封裝產品，進行電路功能檢查並選出良品，再完成最後的電路特性檢查以及外觀檢查後才得以將成品出貨給客戶（圖 3-A）。半導體後段工程概況如圖 3-B 所示。

1. 擴散工程後的晶圓檢查

擴散工程結束後，由於只有優質的晶片才得以送至下一個半導體封裝封裝（半導體後段工程），因此會在晶圓的狀態下就先進行電路特性優良與否的判別檢測。

2. 從晶圓組裝個別 LSI 元件

① **切割製程** 　將已完成擴散的晶圓予以研磨其所擁有的一定厚度後，再依規定之尺寸大小將晶圓分割成個別的晶片。之後，為了辨識在晶圓檢查製程中所發現的不良品，就會在不良之晶片表面上割劃出刻痕或打上標記以作為識別。

② **黏晶製程** 　將各自分離的優質晶片，粘著於封裝之導線架與基板所規定之位置。

③ **打線接合製程** 　將晶片電極與導線架之內部引線（Inner Lead）以 20μm ～ 30μm 的 Au 線連接，進行電路的疏通。

④ **壓模樹脂製程** 　為了從外部環境保護晶片，因此會製造一個處理起來較為容易的封裝外型。一般來說會使用「傳送膜塑成形」的方法。

⑤ **端子加工製程** 　用來形成封裝的外部端子。導線架的封裝會於銲錫被電解電鍍後，使導線成為固定的形狀。此外，BGA 的封裝中會安裝錫球。

⑥ **半導體封裝選別製程** 　用來確認在封裝結束後，封裝產品的品質可

以信賴（預燒），並且以電路方式判定品質良莠之製程。此製程是以電腦內藏之電路檢查器，來判斷半導體元件之電路特性。

⑦ **檢查製程**　將優質產品依個別作業單位（批次），以抽檢方式針對電路特性、外觀、尺寸等作最後的檢查後，才將優質的批次出貨給客戶。

●圖 3-A　半導體 LSI 製程

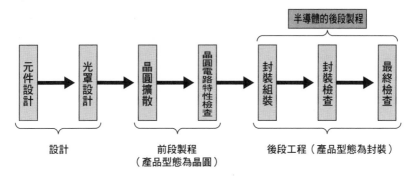

●圖 3-B　LSI 製造之後段製程概要

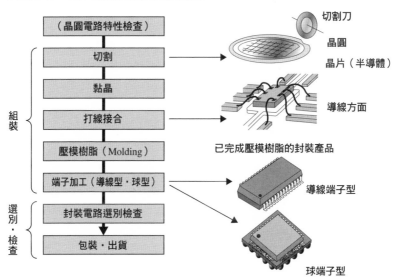

研磨

薄化矽晶圓

為了以封裝的薄型化及晶片堆積技術來因應高密度化的訴求,必須使晶圓厚度變薄。原本預測到 2010 年薄型化程度將達到 50μm 左右。然而,因為 IC 卡等薄型產品,加速了晶圓薄型化的處理技術,並且有急速的進展,預測到了 2010 年即可適用於最小 20μm 左右的厚度。

半導體前段製程(擴散製程)結束後的晶圓厚度約為 725μm,藉由研磨製程可以依照用途不同將晶圓背部從 150μm 研磨到到 80μm 左右的厚度。

1. 研磨用表面保護膠帶貼附裝置

為了保護晶圓表面的迴路,會將表面保護用之膠帶以滾輪均勻地貼妥於晶圓表面,並在比晶圓尺寸稍微大一些的地方切斷。

該**晶圓保護膠帶**的基本材料是 **PET** 以及 PO 等,以具有弱黏著性或 UV 硬化型的黏著劑進行塗佈。在進行晶圓背面研磨時,必須保持晶圓的濕潤,等晶圓背面研磨完成後即可輕鬆從晶圓上剝除保護膠帶。

2. 背面研磨裝置

將晶圓表面保護用膠片所貼附的面,固定於真空切割吸盤(Chuck Table)上,再將真空切割吸盤進行旋轉(圖 4-A)。隨後將晶圓放置於承載數個切割吸盤的主要研磨旋轉台裝置上,並進行類似行星之環繞運動,讓每分鐘約 5000 轉的高速旋轉鑽石砥石通過平面砥石的輪軸部位,以進行晶圓背部的研磨(圖 4-B)。

晶圓的背部研磨可分為:粗研磨加工(砥石約 400 號*)以及細研磨加工(砥石約 2000 號)。此作業結束時,晶圓背部約會殘留 1 μm 左右因研磨機械加工所造成的損傷,使用實裝時的熱應力等也會產生矽晶裂痕(Silicon Crack)。雖然可以用化學藥品的蝕刻方法來去除這些因加工所產

●**背面研磨裝置**

照片提供:(株)ディスコ

*審訂注:研摩墊如同砂紙,是以號碼區分顆粒的大小。

生的損傷，但是使用混合酸液等藥水也會有成本過高以及排水處理等環境面的課題。

最近有不使用化學藥劑，藉由乾式拋光（Dry Polishing）方式即可去除這些因加工所造成的損傷，並且可依狀況進行超音波洗淨、離子洗淨以及等離子洗淨。

3. 表面保護膠帶剝離裝置

晶圓背面貼有切割用的膠帶。塗有**紫外線硬化型黏著劑**之保護膠帶，會因為紫外線的照射而使黏著劑硬化，變得較容易剝離之後，再使用滾輪予以剝除。

這一連串的作業都是為了讓晶圓變薄且容易切割，希望能夠讓設備都盡量在同一製程線上（In-Line），若也能在同一製程線上進行搬運，則晶圓較不會脫落，對晶圓的負擔也會顯著減輕。

●圖 4-A　背面研磨部的詳細構造

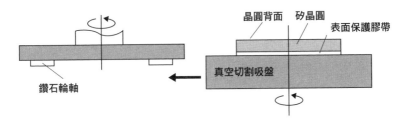

●圖 4-B　背面研磨裝置概念圖

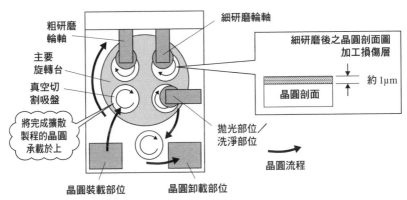

切割

將矽晶圓分割為單個積體電路

將半導體前段製程（擴散製程）中形成迴路圖形之 Si 晶圓，逐個分割為單個半導體晶片之製程（圖 5-A）。半導體晶片現在一般大多稱之為晶粒（Die），由於會將晶圓切割如骰子（Dice）般的形狀，因此稱之為**切割（Dicing）**。其加工裝置就稱之為**晶圓切割機（Dicer：Dicing Machine）**。

1. 晶圓切割機

在現有的晶圓切割機出現之前，半導體晶片都是以單片狀的形式出現，稱之為**片狀元件**（Pellet）。因此，單片狀的半導體也被稱之為 Pelletize。

Pelletize 主要的加工方法是以鑽石點或雷射在晶圓表面劃出線狀的刻痕，再施力在晶圓上形成片狀巧克力（Chocolate Break）痕跡的方法。

這些方法雖然曾經因為被稱之為鑽石・劃線（Scribing）法、雷射・劃線法而相當普及，但是目前一般最常使用的則是**切割刀**（Dicing Blade）**法**。將被稱之為刀刃（Blade）的「前端埋有鑽石粒的圓板狀砥石刀」，可在每分鐘數萬次的高速旋轉狀態下切斷 Si 晶圓。

●**晶圓切割機**

照片提供：（株）ディスコ

2. 晶圓切割機的架構

晶圓切割機的基本架構是由以下部分所組成：將每一片貼有切割膠帶的晶圓背部研磨完成後，各自安裝於框架上，用來搬運每片晶圓框架的裝載部位；可將晶圓切割刀以數萬次／分鐘高速旋轉的凸緣部位；將晶圓左右移動以配合晶片的尺寸 X—Y Table 裝置的本體部位，以及將每一個切割完成的晶圓分別收納於晶圓框架的卸載部位。

切割的方法是在晶圓背部貼妥黏著膠帶，再將已黏著膠帶那一面的晶圓以真空方式固定於吸附之晶圓承載台。

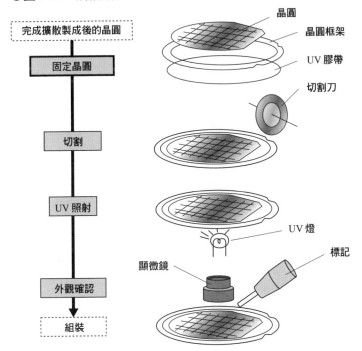

●圖 5-A　切割製程

完成擴散製成後的晶圓

固定晶圓

切割

UV 照射

外觀確認

組裝

晶圓
晶圓框架
UV 膠帶
切割刀
UV 燈
標記
顯微鏡

以晶圓切割機深入晶圓背面膠帶溝槽後，將晶片分割成單片。將高速旋轉的軸心固定後，隨著真空吸附的載物台左右移動後，即可進行晶圓切割。切割晶圓時，為了抑制因高速旋轉使得切割刀發熱、避免讓矽晶切削產生的碎屑，以及為了去除晶圓表面的碎屑，因此會採用有經過靜電測試之高壓純水。晶圓會藉由 X — Y 軸來定義（Index）晶片尺寸大小，並且設置切割線；首先是沿著晶圓定位平面線劃出 X 軸的切割線。待一個生產線被切割完成後，載物台就會朝向 Y 軸（更深入的方向）以 1 片晶片尺寸的大小移動，並持續進行下一個切削製程。待 X 軸所有生產線都切削完畢後，再把載物台轉到 90 度，晶圓 Y 軸的所有生產線切削方式都和 X 軸的動作一樣，將晶片各自分離（圖 5-B）

從晶圓的切入的量來看，可分為**半厚度切割**（Half Cut Dicing）以及**全切割**（Full Cut Dicing）兩種（圖 5-C），但是製程數少、品質上亦較為有利的全切割成為近年來的主流。之後，再依外觀選擇晶片的優劣後，進入下一個製程。

3. 因應晶圓薄型化之切割法

整體傾向看來，切割技術已經進入成熟領域，預計今後在裝置‧材料之生產技術方面將會有所進展。

由於切割方法必須因應晶圓薄型化以及晶圓上薄膜的脆弱化，因此雷射方法已經被認為立即得以適用。

切割膠帶的基本材料從 PVC 改變為在伸縮、直接拾取（Direct Pick Up）方面皆相當不錯的 PO 材料。再者，從降低環境負荷的觀點看來，至 2010 年生物分解材料將可達到實用化階段。

我們也可以預測到針對弱黏著性部分，黏著劑將會採用從切割製程中即可將晶圓強力黏著固定、並在下一個黏晶製程時使黏著力變弱、使其容易在拾取時產生 UV 硬化的類型。

●**圖 5-B　切割的原理**

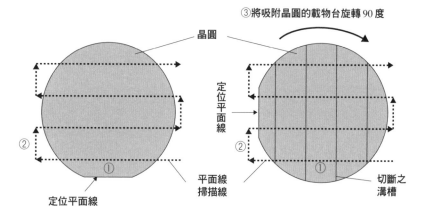

①以切割刀軸（Spindle）掃描（將旋轉中的刀刃在 X 軸上左右移動）的方式，並進入晶圓上的溝槽
②只有晶圓的尺寸定義，朝向更深入（Y 軸）的移動
③將晶圓吸附之載物台旋轉 90 度後，持續①②的動作

●圖 5-C 切割方式比較

方式	方 法	優 點	缺 點
全切割	可深入薄膜　矽晶 薄膜	●由於完全切斷，因此矽晶殘留的碎屑較少 ●不會依照矽晶方向	●由於所需切斷的量較多，因此加工速度較慢 ●切割前必須要進行上鍊（晶圓固定）作業 ●由於將薄膜完全切斷，因此切割刀的壽命較短 ●鋁金屬的研磨線會產生鋁鬚線，因此並不適用
半厚度切割	A B A= 截縫距（Kerf） B= 蝕刻孔距（Pitting） 切割槽口　矽晶	●加工速度快 ●不會依照矽晶方向 ●不需金屬工具即可進行切割 ●由於沒有切斷薄膜，因此切割刀的壽命較長	●由於是不完全切斷，因此必須要有晶圓劈開（Wafer Breaking）製程，然而晶圓劈開製程會殘留有矽晶的碎屑 ●鋁金屬的研磨線會產生鋁鬚線，因此並不適用

Column　藉由超純水洗淨破壞半導體晶片的靜電

　　進行切割時，為了防止切割刀過熱，以及必須去除矽晶碎屑，會將切削部位以高壓噴射純水以提高電阻。此時若再與晶圓表面之絕緣保護膜進行高速摩擦接觸後，就會產生靜電。「靜電」會破壞晶圓上的迴路。一般人都會認為，我們使用純水進行晶圓的洗淨可以防止環境污染，但是切割洗淨用的純水卻會混入二氧化碳泡沫等物質且擁有適當的電阻係數值，因此必須要下很大的夫工在抑制靜電方面。此外，以高壓噴射洗淨水時的壓力，必須考量到要能夠完全去除矽晶碎屑，並進行適當之管理。

4-6

黏晶

將分割後的半導體晶片搭載於封裝基板

在切割製程中完成晶片分割後，將晶片黏著固定於作為封裝基板之**導線架**或是陶瓷・有機材料基板上的製程，亦稱之為 Die Attach 或 Mount。此能夠自動加工的裝置則被稱之為**黏晶機**（Die Bonder）或**固定機**（Mounter）。

1. 黏晶方法

一般的黏晶加工可適用於以下兩種方法（圖6-A）。

(1) 共晶合金接合法

用於當晶片黏著固定於封裝的金屬導線架與陶瓷基板之際。在加熱約400℃的平板上，將晶圓背面的 Si 與導線架的 Au 鍍膜面直接或將 Au-Si 合金片介於其中進行壓接、摩擦（Scrub）後與 Si 形成並固定成為 **Au-Si 共晶合金**。為了防止氧化，通常會在氮氣狀態下作業。

(2) 樹脂接著法

此方法可以將晶片固定於任何一種封裝基板，並且可以在比常溫到 250℃ 還低溫的狀態下硬化，因此成為目前半導體組裝的主流方法。這是以樹脂（Epoxy）為基礎的**銀膠**（Ag-Paste）作為接著劑，用來將晶片固定於基板的方法。

2. 黏晶機（黏晶裝置）

基本的黏晶機會裝載於已經將封裝基板與導線架收納於內的卡匣上，並且會由以下裝置所組成：①搬運基板與導線架的裝載部位、②將樹脂膠塗佈於基板與導線架的樹脂供給部位、③將切割完成的晶圓分別送至框架上之晶圓承載部位、④晶片受到來自下方晶圓的壓力，並被筒夾（Collet）以真空吸著方式搬運至黏晶裝置的部位，再將晶片承載於已塗佈樹脂的封裝基板晶片焊墊（Die Pad）上，進行加壓、摩擦後與本體部位黏接、⑤將已黏接之樹脂進行硬化的熱處理階段部位、⑥將晶片收納於用來搬運黏晶後基板的之卸載機。

● 黏晶機

照片提供：(株)もセノンこシリー

首先，將裝載於點膠溶液中的銀膠，以必要的量塗佈於導線架的晶片焊墊部位。切割工程中，會將搬運帶上各個分離的晶片放置於拾取台上，並以探針方式於搬運帶下方向上施加壓力。晶片會藉由筒夾（Collet）以真空方式吸著，並移動至黏晶裝置。將其放置於已經事先塗佈好銀膠的導線架與封裝基板之晶片焊墊上，再藉由筒夾的加壓與摩擦予以黏接。在已黏晶完成的導線架或基板上，以加熱台或加熱爐的方式加熱至約 250℃後，即可將晶片固定住（圖 6-B）。

今後，將開發較有彈性的裝置，以因應、處理 50μm 左右、薄型晶片的加壓處理。

●圖 6-A　黏晶方式比較

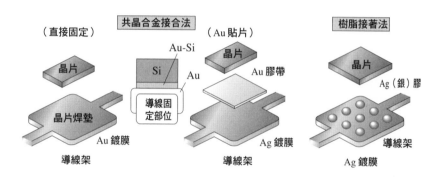

●圖 6-B　樹脂接著法之黏晶

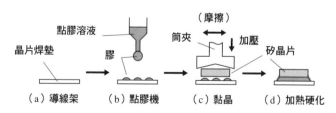

打線接合

將分割後的半導體晶片與外部電路連接

將半導體晶片與電路連接的方法中，最穩定的技術即是所謂的**打線接合**。

我們可藉由打線接合，以直徑 20μm ～ 50μm 的**金屬細線**將半導體晶片上約 1μm 厚的 Al **電極焊墊**與導線架的**內部引線**連接（圖 7-A）。

1. 打線機（打線接合裝置）

是一種可自動用金屬細線將晶片與封裝基板進行電路連接作業的裝置，稱之為打線機。打線接合方式可分為球形接合（Ball Bonding）與楔形接合（Wedge Bonding）兩種方式。在此我們僅以一般半導體組裝的主流——**球形接合**，作一說明（圖 7-B）。

2. 打線機的構造與基本動作

打線機的基板構造是由：①將已完成打線接合之基板分別填充於卡匣內，用來搬運該封裝基板的裝載部位、用來搬運已經分別②控制打線接合作業的本體部位、③將已完成打線接合之封裝基板收納於搬運卡匣內的卸載部位等裝置所組成。

3. 壓縮成球狀的打線接合

球型接合方式是將由本體部位引線之 Au 線藉由 Wire Spool 予以捲曲，待調整電線的量後再用板手（夾取金線的工具），從陶瓷矽材料中穿過打線細管（Capillary），並從前端抽取適量的 Au 線。

(1) 金球形成與位置調整

將露出的 Au 線前端與形成球型用的電極火炬（Torch）進行高壓放電後，即溶解 Au 線，以形成 Au 球。接著調節板手，一邊依序放出電線，一邊將打線細管移動至晶片 Al 電極的上方。

●打線機

照片提供：(株)カイジョー

⑵ 第一接合（First Bonding）

緊接著，連接晶片的 Al 電極。並且將 Au 線的 Au 球與晶片電極的 Al 進行熱壓接。對於加熱溫度達 350 ℃ 的熱壓接（NTC）方式，我們若併用超音波能量的熱壓接（UNTC）即可進行 200 ℃～250 ℃ 的低溫接合，此方法不但適用於金屬導線架亦適用於樹脂基板，因而成為目前的主流技術。

⑶ 弧狀線圈（Wire Looping）

接著，描繪出適當之打線細管軌跡後，即可將弧狀線圈呈現固定之形狀，並移動至引線指（Lead Finger）的第二接合部位。

⑷ 第二接合（Second Bonding）

將引線指（Lead Finger）的 Ag 等鍍膜部分壓接至電線上，併用加熱及超音波方式進行接合。

⑸ 切斷 Au 線

接著，用板手將 Au 線壓入，並拉出打線細管後，從第二接合點切斷 Au 線。之後再回到第⑴步驟，在最初的打線細管處，將形成球用的電極火炬接近 Au 線的前端，在 Au 線之間進行放電後即可形成 Au 球。

「球型接合」是接線方法的主流，為了滿足今後所期待的窄孔化（Narrower Pitch Designs）需求，球型接合技術亦是未來技術開發的主流。

●圖 7-A　所謂打線接合

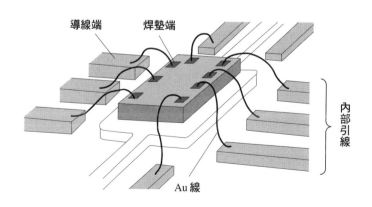

導線端　　焊墊端

內部引線

Au 線

●圖 7-B　Au 打線接合工程

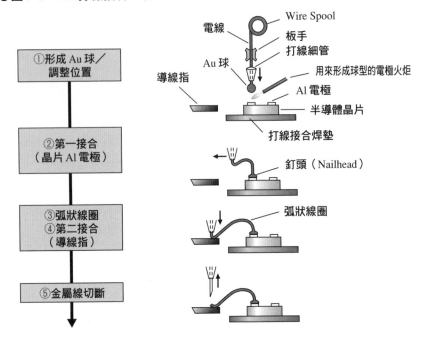

①形成 Au 球／調整位置

②第一接合
（晶片 Al 電極）

③弧狀線圈
④第二接合
（導線指）

⑤金屬線切斷

電線
板手
打線細管
Wire Spool
Au 球
導線指
用來形成球型的電極火炬
Al 電極
半導體晶片
打線接合焊墊

釘頭（Nailhead）

弧狀線圈

4. 在常溫下，進行超音波壓接（USB）之楔形接合

　　由於楔形接合方式是使用同一金屬，因此可以穩定地接合 Al 金屬細線與晶片電極 Al，並且在常溫下於 Al 線上加入超音波以進行壓接（**超音波壓接：USB**）（圖 7-C），因此即使在封裝側面也不會因為高溫而產生異種的金屬化合物，具有優良的可信賴度。然而，打線接合具有方向性，且為了防止 Al 被腐蝕必須使用價格昂貴的氣密封裝，因此僅限用於需要高信賴度陶瓷材料封裝的特殊用途（圖 7-D）。

●圖 7-C　楔形接合方式
　　　　（Al 線方式、超音波方式、電線具有方向性）

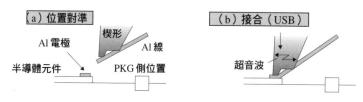

(a) 位置對準

Al 電極
楔形
Al 線
半導體元件
PKG 側位置

(b) 接合（USB）

超音波

●圖 7-D

項目＼方式	球型接合方式		楔形接合方式
電線材料	Au:99.99%～50 m¿		Au-1%Si～50 m¿
電極	晶片部分：Al. 1 mt 導線部分：Au or Ag 1～3 mt		晶片部分：Al. 1 mt PKG 部分：Al or Ag 1 mt
接合種類	晶片部分：球型接合方式 導線部分：楔形接合方式		兩部分都是用楔形接合方式
接合能源	熱壓接（熱板）or 超音波併用之熱壓接 （NTC）　　　　（UNTC）		超音波震動 （US）
接合溫度	280～350℃		常溫

Column　未來的新型態打線接合技術

　　隨著窄孔化（Narrower Pitch Designs）的演進，也成為在球型接合方面相當重要的課題。不論在電線細化方面、形成‧接合縮小半徑的球型技術、或是經由測試以因應焊墊表面傷痕之對策等，是一場在設備、材料、相關製程技術等綜合性的技術革命。

　　此外，今後亦被要求解決接合焊墊下方層間膜的脆弱化以及配線配置等問題，為了抑制接合時的衝擊，必須在接合焊墊下方設計出能預防損害發生之結構，因此還必須考量到裝置面以及材料面。

　　再者，為了因應元件動作的高速化，晶片配線材料雖然已經進化為 Cu 配線，但是還必須要開發與 Cu 電極焊墊的接合技術以及 Cu 電線的接合技術。具體來說，像是 Cu 焊墊表面清潔以及表面覆蓋處理等，都是為了讓焊墊表面狀態具有良好接合性所必須面對的課題。此外，為了因應 Cu 電線材料的球型接合、達到非活性化或是形成還原性等狀態，還有抑制 Cu 氧化層形成之技術課題。

無接線接合

將半導體晶片與外部電路以無接線方式接合

　　晶片電極與封裝基板（Inter Poser、Substrate）的接合方法可大致區分為：①打線接合（WB：Wire Bonding）法，以及②無接線接合法；再者，無接線接合法還可以再分成不使用 Au 配線（電線）迴圈進行接合，而是藉由以金屬指（Finger）所形成之內部引線膠帶自動接合（**TAB**）方法，以及藉由已形成晶片之金屬凸點（Bump）覆晶組裝技術（**FCB**：Flip-Chip Bonding Technology）（參照圖 8-A）。

1. 金屬指的接合方式：TAB 法與其製造裝置

● **TAB 接合機**

　　TAB 法是使用已於樹脂膠帶上開孔的金屬指，並與半導體晶片電極上形成之金屬凸點（Bump）接合之內部引線接合技術，以及與封裝基板或導線架接合之外界腳端接合機（Out Lead Bonder）所構成（圖 8-B）。

　　一般來說，**凸點**會藉由電鍍形成 10μm ～ 30μm 高度的 Au，18μm ～ 36μm 厚的 Cu 金屬指則是由 Sn 或 Au 鍍膜而成。最大特徵是會藉由加熱壓著工具一次將所有金屬指與電極的接點，以 Au-Sn 共晶合金或是 Au-Au 熱壓著接合方式做整體式的接合。該裝置的接合部位，是由被稱之為快捷工具（Hotbar Tools）的加熱工具以油壓與反覆旋轉使其運作的部分，以及為了提出與工具接合部位角度平行之研磨工具等兩部分所構成。

　　近年來，隨著連接的端子數量增加，整體接合方式亦使得加熱工具的接合面積變大，因此接合面與各接合凸點的平行角度會使得工具研磨精確度的維持變得較為困難。為了因應這樣的困難點，我們會使用與打線接合加熱加壓工具幾乎相同的打線細管，並以與打線接合同樣的方式與各點進行接合，因而開發出單點接合的方式，會使用與打線接合技術同樣的裝置，進行同樣的接合方式。我們會用已被 Au 鍍膜的 Cu 內部導線取代 Au 線，為一種以超音波熱壓著方式接合的無接線接合方式。

TAB 接合機（Bonder）是由以下所構成：將已與金屬指接合之膠帶以捲軸（Reel）方式搬運的裝載部位、將已切割完成之晶圓分別搬運至框架的晶圓裝載部位、將晶片與金屬指加熱加壓的本體部位、將晶片與金屬指接合之膠帶以捲軸方式收納之卸載部位；其搬運型態雖然是藉由膠帶捲軸，以 Reel To Reel 的搬運構造為主，有時也會與接合機卡匣（Magazine）進行搬運架構組合。

2. 與凸點直接接合：FCB 法與其製造裝置

以 FCB 法形成之凸點形成方法（圖 8-C）有一種是於半導體晶片電極上設置 Pb-Sn 之共晶銲錫法，其中是以 1960 年代由 IBM 所開發之 **C4**（Controlled Collapse Chip Connection）法最為有名。

● 圖 8-A　晶片與封裝基板的接合方法

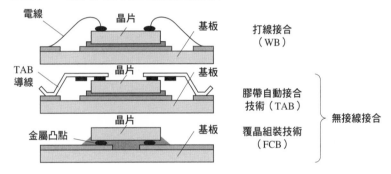

● 圖 8-B　TAB 之接合方法
（整體式接合方式與單點接合方式）

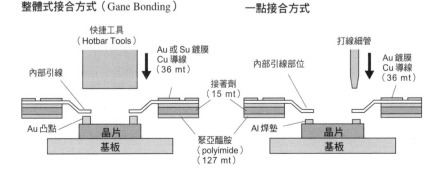

由於當初 FCB 所開發的目的是為了滿足大型電腦所需要的高信賴度，因此為了避免與晶片電極部分接合時所產生的損傷，必須在距離電極部位較遠的地方再將凸點與所形成之 Al 進行再一次的配線。

再者，為了避免依 Al 配線與凸點的金屬成分不同，使得機械與已形成異種金屬之化合物接合後的強度變弱，因此必須設計 Ti（鈦）、Pt（白金）之絕緣金屬層。上述這些為了提高信賴度的因應對策，反而會提高成本。但是在一般需求的情況下，若使用近來經常被使用的無接線接合方法所製造的 IC，則用低成本就可以藉由 Au 打線接合方式之 **Au 球型凸點**成形方法來形成凸點。

將以 Au 線接合用之打線細管所形成之 Au 球與晶片電極接合，再以球根切斷 Au 線。將 Au 切斷部位以工具再度敲擊，使其呈現一定高度的平坦化、調節高度，這是使 Au 凸點形成均一高度的方法。

將這些方法使用於晶片上所形成之金屬凸點，其中藉由封裝基板的配線與熱壓著或是樹脂接著劑方式直接進行接合的 FCB，是一種不使用 Au 線（電線）的無打線接合方法（圖 8-D）。

一般來說，FCB 接合機是將晶圓上的半導體晶片撿拾、反轉後，將已被反轉的半導體晶片電極與接合機卡匣（Magazine）或膠帶捲軸所搬運的基板接合端子進行光學位置的調整後，再進行加熱‧加壓接合或加入超音波的接合，或者採用以接著劑進行整體處理的整體式接合方式（Gane Bonding）（1 秒～ 2 秒／ IC）。FCB 技術與 WB 技術及 TAB 技術相比，其接合配線長度雖然最短，但是電路特性卻最佳，因此被評估為可擴大其在高性能元件方面的採用。此外，在凸點端子的配置方面，雖然可分為配置於晶片週邊部位的週邊型（Peripheral），以及在晶片表面以面矩陣狀配置的面矩陣式

（Area Array），但是隨著晶片尺寸縮小、多支桿（Pin）化、以及覆晶錫球跨距（Bump Pitch）的限制，將會逐漸增加採用面矩陣式的配置方式。

● FCB 接合機

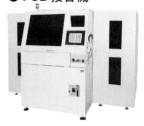

照片提供：芝浦メカトロニクス（株）

將焊墊以面矩陣式方式配置於晶片表面部位，就不會使得覆晶錫球跨距狹窄，也可以達到多支桿化的目的，特別是主要可適用於因應多支桿元件之需求。

●圖 8-C　FCB 之凸點形成方法（銲錫凸點與 Au 球型凸點）

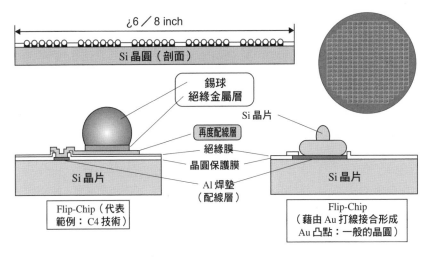

●圖 8-D　以 FCB 方式接合

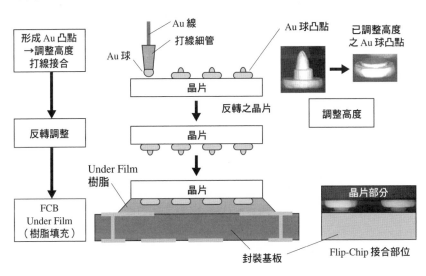

BGA（Ball Array Package）

在封裝的其中一面上，將錫球端子配置於面陣列式的一種封裝方式。具有以下兩點特徵：①比起以往週邊端子型的封裝方式，此方式較方便於因應小型且多支桿、②藉由錫球端子的表面張力，因為具有自我對準效能，因此較容易符合多支桿之整體迴流（Reflow）實裝。

C4 技術

Flip Chip 技術中最具代表性的技術，是於 1960 年代初期由 IBM 應用大型電腦 "360" 所開發之裸晶（Bare Chip）封裝技術。藉由鍍膜或是蒸著等方式於晶片電極附近將銲錫材料作為凸點，使其回流後形成錫球。通常會使用 5% ～ 10% 的 Pb-Sn 作為銲錫材料。

DIP（Dual In-line Package）

插入式封裝型中最具有代表性的 IC、LSI 封裝。導線從封裝本體兩側面突出、彎曲後從肩部向下延伸後將導線排成兩排。

FCBGA（Flip Chip BGA）

將 Flip Chip 與半導體晶片連接時，會搭載數千支的支桿（pin），是具有高性能、多支桿的封裝。由於通常會希望能夠展現其高速之特性，因此會於封裝基板上使用多層配線板。

LGA（Land Grid Array Package）

以焊盤圖案（Land Pattern）來取代 BGA 錫球端子，為一種面矩陣式端子型的封裝。

PBGA（Plastic BGA）

使用塑膠（樹脂）基板作為封裝基板，適用於與承載於基板上之半導體晶片連接之打線接合技術，是目前主流的 BGA 技術。

PGA（Pin Grid Array Package）

由於是將端子排列於封裝表面之面矩陣型，因此在 BGA 技術出現之前都被視為是高性能、多支桿的主力型態。

QFP（Quad Flat Package）

海鷗翅型（Gull Wing）導線會從封裝本體的四個側面突出，並且具有可以進行表面實裝的導線前端平坦部位。

SIP（Single In-line Package）

從封裝本體的側面抽出導線，並將端子形成一排。

SOJ／QFJ（J leaded SOP／QFP）

是一種讓導線在 J 字型內側彎曲的封裝方式，亦可稱為 QFJ 、 PLCC 。

SON／QFN（Non Leaded SOP／QFP）

並沒有突出於封裝本體外部的導線，而是將電極端子排列於封裝本體外的其中一個側邊。

SOP（Small Out-line Package）

海鷗翅型（Gull Wing）導線會從封裝本體的兩個側面突出後成形。

TBGA（Tape BGA）

是一種半導體晶片的連接技術，BGA 可適用於以 TAB 技術取代打線接合技術。

TCP（Tape Carrier Package）

是使用 TAB 式製程的封裝，使用這種方法的 IC 或 Film Aarrier IC 皆被稱之為 TAB IC 。 QTP 是一種讓導線從封裝本體的四個側面突出的 TCP ， DTP 則是採取從封裝本體兩個側向突出的方式

ZIP（Zig-zag In-line Package）

是 SIP 的變形，將自封裝本體側面取出之端子以左右交互方式成形，再將導線端子的前端以鋸齒形狀配置於實裝基板面。

CSP（Chip Size Package）

與晶片尺寸相同或稍微大一些的封裝總稱，一般來說球距（Pinball）為 0.8mm 以下，外型尺寸為 21mm 以下。具代表性的封裝有 BGA 式的 FBGA ，然而 LGA 式的 SON 及 QFN 等小型尺寸也被列於其中。

NTC（Nail-head Thermo Compression）

將 2 種金屬以燃點以下的溫度進行加熱、加壓後接合的熱壓著方法。打線接合方面，在金線球被壓著之後，金線前端會變成釘頭的形狀，亦被稱之為 NTCB（NTC Bonding）。

UNTC（Ultra-sonic NTC）方式

以 NTC 方法併用超音波的能量，特徵是其加熱溫度低，亦在無線接合中被稱之為 UNTCB（UNTC Bonding）。

USB（Ultra-sonic Bonding）

藉由超音波能量，使用 Al 線的打線接合方式，在常溫狀態下與 Al 電極結合的方式。由於必須使用接合工具，因此亦被稱之為楔形接合。

插入式封裝

在印刷配線板的貫穿孔上插入外部端子用導線或支桿（Pin）後固定之型態。最具代表性的是導線端子排列於封裝周圍之週邊型（Peripheral）DIP、SIP、ZIP，以及讓支桿端子排列於表面之面矩陣式 PGA。

切割

將半導體前段製程（擴散製程）中形成迴路圖形之 Si 晶圓，逐個分割為單個積體電路。半導體晶片現在一般大多稱之為晶粒（Die），由於將晶圓切割如骰子（Dice）般的形狀，因此稱之為 Dicing（切割）。

切割刀

前端埋有鑽石粒的圓板狀砥石刀，是用來進行切割的工具，可在每分鐘數萬次的高速旋轉狀態下切斷 Si 晶圓。

黏晶

將已分割完成的半導體晶片承載於封裝基板上。在切割製程中完成晶片分割後，將晶片黏著固定於作為封裝基板之導線架或是陶瓷‧有基材料基板上的製程，亦稱之為 Die Attach 或 Mount。此能夠自動加工的裝置也被稱之為 Die Attach 或 Mount。

研磨

亦稱之為背部研磨。半導體前段製程（擴散製程）結束後的晶圓厚度約為 725μm，依用途不同可將晶圓背部從 150μm 研磨到到 80μm 左右的厚度。IC 卡等薄型產品，加速了晶圓薄型化的處理技術、並且有急速的進展，預測到了 2010 年即可適用於最小 20μm 左右的厚度。

波束導線（Beam-Lead）方式

是 1960 年代初期由美國 ATT ／ Bell 實驗室所開發的半導體接合方法。在晶圓製程中，將 Ti-Pt-Au 的微小導線形成束狀從元件電極的外部突出，再於封裝基板的 Au 導體上進行熱壓著。雖然可使用超薄型的裸晶（Bare Chip）封裝技術，但是必須使用晶圓製程才能形成電極、不易管理、且製造成本高，因此僅使用於特殊的混合集成塊（Hybrid IC）

表面封裝

將封裝外部端子裝載於印刷配線板表面後固定之型態。代表性的是帶有導線端子之週邊型 QFP、SOP、QFJ、SOJ、TCP 以及擁有錫球外部端子之週邊型 BGA。

覆晶（Flip-Chip：FC）

在無接線接合技術中，一種讓晶片反轉（Flip）、面朝下進行打線接合（Face-Down Wire Bonding CSP）用的半導體晶片。較具代表性的方式有，使用半導體晶片電極金屬波束之「波束導線（Beam-Lead）技術」，以及使用錫球之「C4（Controlled Collapse Chip Connection）技術」，但是目前則普遍以「錫球電極技術」來代表 C4 技術。擁有錫球或是金屬凸點的電極以面朝下進行打線接合方式的半導體晶片，一般被稱之為覆晶。目前晶片電極的球型材料是以使用 Pb（38.1%）-Sn（61.9%）的共晶銲錫回流實裝用晶片為主流。還有各式各樣帶有金屬凸點的覆晶方式，如以 Au 打線接合方式形成之 Au 球設置導線性樹脂接合等方式

pelletize

在現有的晶圓切割機出現之前，半導體晶片都是以單片狀的形式出現，稱之為片狀元件（Pellet）。因此，單片狀的半導體也被稱之為 Pelletize。Pelletize 的主要加工方法是以鑽石點或雷射在晶圓表面劃出線狀的刻痕，再施力讓晶圓上形成片狀巧克力（Chocolate Break）痕跡的方法。

打線接合

將分離的半導體晶片以電路方式連接。將半導體晶片上約 1μm 厚的 Al 電極焊墊與導線架的內部引線以直徑 20μm ～ 50μm 的金屬細線連接。

無接線接合

在沒有金屬線的狀態下，欲將半導體晶片與外佈電路連接時，必須使用在樹脂膠帶上設有開孔的金屬指取代金屬線，可分為與在半導體晶片電極上所形成之金屬凸點接合之 TAB 法，以及與半導體晶片電極上設有 Pb-Sn 共晶銲錫基板導體部位接合之 FCB 法。

第 5 章

後段製程（樹脂封裝、端子加工、檢查）之主要製程與裝置

樹脂封裝①

導線架型封裝之傳送模塑樹脂封裝裝置

為了從溼度、溫度、機械壓力等外部環境狀況保護半導體晶片，半導體晶片連接電路、進行接合製程後，必須進行阻斷外部空氣的封裝作業。完成接合作業後的導線架，接下來必須在進行樹脂封裝時以樹脂固定於晶片表面。

1. 封裝方式的種類

一般來說，提到半導體 IC 的封裝，目前主流的方式是以**傳送模塑方式**於主體上進行樹脂成形之樹脂封裝（DIP、QFP、SOP、BGA），被稱之為樹脂封裝。其他使用 TAB 的 IC 則是將液狀樹脂適量塗佈於晶片部位，並以加熱爐進行樹脂硬化之灌注（Potting）方式，然而近來從作業面、產品信賴性等觀點出發傳送模塑已經持續有所變化。

對該樹脂封裝型來說，這是更具耐濕性的玻璃溶融封裝方式，以及藉由金屬熔接方式封裝之氣密封裝型封裝。

舉例來說，較具代表性的是以金屬導線架取代樹脂的陶瓷基板與陶瓷間隙用的陶瓷封裝（Ceramic Package）。和**非氣密封裝型**的樹脂封裝比起來，陶瓷封裝的材料及製法成本較高，因此一般來說並沒有非常普及。

2. 導線架型封裝之傳送模塑樹脂封裝裝置

基本上傳送模塑成形機是由以下裝置所組成：裝入已收納導線架的卡匣（Magazine）後，將導線架搬入**成型用金屬板**的裝載部位；加熱模塑成型用金屬板，將供應製金屬板的液化樹脂以壓力機（Pressure）加壓後填充至金屬母模（Cavity）的沖壓部位，最後還有將已完成樹脂封裝的導線架從金屬板上剝離後搬入收納機之卸載等部位。

● **樹脂封裝裝置**

照片提供：TOWA㈱

此傳送模塑樹脂成型方式，其實與做鯛魚燒的原理相同，上下各設置一塊金屬板，再設計用來因應導線架半導體晶片部位所固定之形

●圖 1-A　樹脂封裝製程

（a）架構裝置

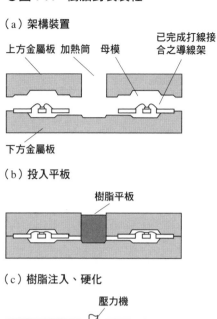

上方金屬板　加熱筒　母模　　已完成打線接合之導線架

下方金屬板

（b）投入平板

樹脂平板

（c）樹脂注入、硬化

壓力機

（d）取出

已完成模塑成型之導線架

狀，將導線架半導體的晶片部位收納於其中。藉由數十噸的塑型壓力，將上下金屬板與導線架緊密接著，再將樹脂填充於已經將半導體晶片收納於其中的母模內以形成固定之形狀。

在樹脂封裝裝置內會進行如（圖1-A）的作業。（a）在打線接合工程中，讓已經完成結線的晶片在導線架狀態下傳送，並且設置加熱至 160℃～180℃的模塑金屬板（下方金屬板）。（b）被上方金屬板關閉後，再將平板（Tablet）狀的**熱硬化性環氧樹脂**投入樹脂存放加熱筒（Pot）內、（c）一般會採用傳送模塑的方式將融解的樹脂以壓力機注入。（d）在模塑金屬板內使其硬化到一定程度後，即可取出已經完成模塑成型的導線架，再以其他設定的溫度使其變得更成熟並且完全硬化。

過去的樹脂封裝裝置是在一個金屬板中僅使用 1 個可以將樹脂注入數十個到數萬個母模內之樹脂存放加熱筒，以及使用 1 個壓力機的模塑金屬板就得以進行分批處理之慣用型（Conventional）方式；近年來則是會在每個母模內放置 2～多數張的導線架，並且使用如加熱筒‧壓力機等**多柱塞型**（Multi-Plunger）之小型模塑金屬板，由於柱塞型方式在品質面相當優良，亦具有易於自動化等優勢，儼然已成為樹

脂封裝裝置的主流。

●圖1-B 樹脂封裝方式比較

	多柱塞型	慣用型
金屬板型 L／O	L／F 加熱筒 CAV	L／F 加熱筒 CAV
品　質	良好（分散程度小）	普通（分散程度大）
樹脂效率	良　好	不　好
自動化	容　易	困　難
生產性	些微不佳	良　好
設備成本	昂　貴	便　宜
樹脂成本	昂　貴	便　宜
彈　性	高	低
備　註	最近多支桿型的 QFP 等，如不使用多柱塞型則不具有生產性。 此外，由於不需要的樹脂部位體積較小，因此可使用專用的高速硬化性樹脂。	過去只有大型設備，最近才出現這類慣用型的自動機器。 然而，不論如何加熱筒都只有放在一個地方，因此無法避免因處理距離而造成的分散

Column 為何無鉛對環境保護來說是必要的？

　　為了保護環境，即便是半導體封裝技術也必須致力於降低或完全停止使用所有會對環境造成負擔的技術。封裝端子及內部接合材料所使用的錫球中即有添加鉛，樹脂封裝材料以及封裝用樹脂基板中的難燃劑成分 Br（溴）化合物燃燒會產生戴奧辛，Sb（銻）化合物燃燒則可能會產生致癌物質。因此必須進行消減或完全停止這些物質的使用（圖）。

　　特別是從法律條款的觀點來看，歐洲的 EU 法案 RoHS Draft（Brussels, 8 Nov.2002）中已經明定，EU 各個國家從 2006 年 7 月 1

日起已經明令電子儀器產品不得含有鉛、水銀、鎘、六價鉻、臭氧類難燃劑（PBB、PBDE）。

1. 半導體封裝之無鉛化

　　①鉛錫鍍膜（導線端子用）方面有，Pd 鍍膜（Ni 基底）以及最近開發且進行實用化的 Sn-Bi ／ Sn-Ag ／ Su-Cu、②錫球（外部端子用）方面進行 Sn-Ag-Cu 類鉛錫之實用化、③鉛錫黏晶材料方面，針對電力較低的元件進行 Sn-Ag 類鉛錫之實用化，以及導電性接著劑之置換開發。④封裝耐熱性方面，則藉由無鉛材料之銲錫迴流（reflow）來因應尖峰～ 260℃之封裝樹脂實用性。

2. 半導體封裝之無鹵化物／無銻化

　　在主要使用 BGA 之封裝用樹脂基板難燃劑方面，大多會使用鹵化類之 Br（溴）化合物，以及搭配助燃材料之三氧化二銻（Sb2O3），由於都會對環境造成負荷，因此目前正致力於完全停止使用這些物質。

●半導體封裝對環境保護之架構

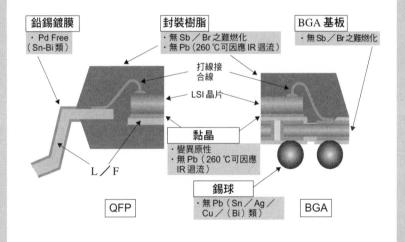

僅有基板單邊設有縫隙，可以樹脂封裝金屬方式注入樹脂

　　如同過去封裝技術主流的 BGA，於封裝基板上搭載晶片以進行打線接合封裝製程的樹脂封裝，就會如同導線架用之樹脂封裝金屬型般，不論在上面或下面都沒有包含打線細管，一般來說只會使用在封裝基板的單側邊已經設置好打線細管之樹脂封裝金屬板，進行樹脂注入作業。

1. 樹脂封裝裝置的種類

　　基本上傳送模塑成型機與導線架型封裝用樹脂封裝裝置是同一種機器，是由以下裝置所組成：①裝入已收納封裝基板框架之卡匣後，將基板框架搬入成型用金屬板的裝載部位；②加熱模塑成型用的金屬板，再將供應製金屬板的液化樹脂以壓力機（Pressure）加壓後填充至金屬母模（Cavity）的沖壓部位，③將已完成樹脂封裝的基板架從金屬板上剝離後搬入收納機之卸載等部位。

　　攜帶型的行動機器期望封裝的厚度能夠越來越薄，而在 BGA 封裝基板的樹脂封裝裝置方面，由於樹脂只會從側面流入，因此樹脂的流動會有越來越惡化的傾向。因而必須讓母模內保持真空狀態，才能使樹脂進行良好的流動。

　　此外，雖然我們可以將一般會溶解的樹脂，透過澆道（Runner）的溝槽，讓多數的母模得以流入，但是也有一種方式是在每一個母模上設置加熱器，讓液體狀的樹脂直接流到母模上。

2. 彙整框架、樹脂封裝（整體樹脂封裝）裝置

　　過去每一片半導體晶片都會各別設計一個母模（圖 2-A），然而目前最普遍使用的是以「整體式封裝方式」的製造裝置，將數個半導體晶片基板架整個覆蓋住已搭載數個半導體晶片的基板架（圖 2-B）。

　　此整體式封裝方式之製造裝置是於下方金屬板中設置可以覆蓋住封裝基板架的母模，以粉末狀樹脂取代過去所使用的平板（Tablet）狀樹脂，填入必要的樹脂量並使其融解（或者使用液狀的樹脂），再使其流入母模內、並且在真空狀態下進行脫泡處理，將基板架上方關閉，

浸置於液狀樹脂內後即進行加壓、硬化處理。

接著，行動用的資訊機器產業希望能夠有超小型的封裝技術，由於其尺寸與附帶有錫球之 Flip Chip 相同，因此可以將原有的晶圓形狀直接使用打線接到樹脂封裝作業之晶圓階段加工技術。由於直接使用晶圓取代基板架，因此倒也成為了一種可以用來因應晶圓階段封裝，作為「整體封裝方式」之樹脂封裝裝置方式。

●圖2-A　BGA 樹脂封裝（個別母模封裝方式範例）

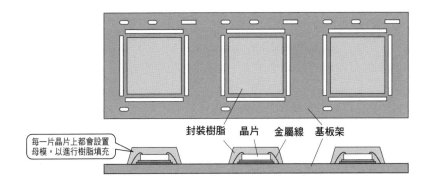

每一片晶片上都會設置母模，以進行樹脂填充

封裝樹脂　　晶片　金屬線　基板架

●圖2-B　BGA 樹脂封裝（整體封裝方式範例）

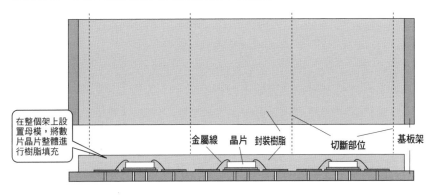

在整個架上設置母模，將數片晶片整體進行樹脂填充

金屬線　晶片　封裝樹脂　　　切斷部位　　基板架

導線架式封裝端子加工

在已完成樹脂封裝的**導線架**上,將其外部端子導線金屬部位進行鉛錫鍍膜(圖 3-A),或是將鉛錫浸漬(dipping)以形成保護膜,用來防止導線生鏽,讓客戶能夠方便將封裝的導線端子於印刷配線板上進行鉛錫附著作業。

1. 將導線架塗厚,以保護基底之裝置

⑴ 塑膜溢料殘渣去除裝置

樹脂封裝工程中,上下金屬板與導線架緊密結合、注入樹脂時,樹脂會從導線架與金屬板間的空隙漏出,而產生塑膜溢料殘渣薄膜。為了不讓這些塑膜溢料殘渣薄膜一併被鍍膜,必須進行所謂的去除作業。

鹼(Alikali)電解法會讓陰極端產生氫氣、陽極端產生氧氣;一般會在陰極端產生大量的氫氣。我們將已經在陰極完成樹脂封裝的導線架浸漬於電解質溶液中,進行電解後導線架界面上就會產生氫氣,並且讓塑膜溢料殘渣薄膜浮出。膨脹的樹脂塑膜溢料殘渣部位會在 100kg / cm² 的高壓下將研磨劑吐出,並藉由該衝擊力使其與外部導線分離。

⑵ 外裝鉛錫鍍膜裝置

一般來說會將 Su(錫)與 Pb(鉛)以 60 : 40 ～ 95 : 5 比例的共晶鉛錫進行導線架表面之塗佈(Coating)。外裝表面處理方式可分為:將導線架浸漬於融解鉛錫槽的方式,以及藉由電解反應將鉛錫電鍍塗裝於導線架之**電鍍方式**。

該電鍍方式是在含有錫離子、鉛離子的電鍍液槽內,用在陽極上的錫球處理在陰極上鍍膜的導線架,並使電流通過。

●鉛錫鍍膜裝置

照片提供:(株)イデヤ

●圖 3-A　所謂導線表面處理（鉛錫鍍膜）

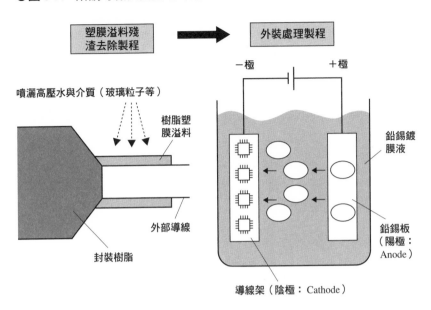

塑膜溢料殘
渣去除製程　　　　　　　　外裝處理製程

噴灑高壓水與介質（玻璃粒子等）

－極　　　　＋極

樹脂塑
膜溢料

鉛錫鍍
膜液

外部導線

鉛錫板
（陽極：
Anode）

封裝樹脂

導線架（陰極：Cathode）

於樹脂塑膜溢料部分噴灑高壓水與介
質，藉由其衝擊力讓塑膜溢料與外部
導線分離。

讓導線架與陰極（Cathode）連接，並
在鍍膜液中通電，以便將鉛錫鍍於架
上。

　　如此一來，不帶有負電子的陽極鉛錫就會被溶解，Sn 與 Pb 離子
也會附著於陰極端的導線架，此時即可解析出鉛錫。被解析出的鉛錫
組成架構可以於陰極進行錫球的處理，亦可以控制鍍膜液槽的組成架
構。

　　外裝鉛錫鍍膜裝置，可根據導線架的搬運方法大致區分為以下兩
種：

(a) 載物台（鋼架：Rack）搬運方式：將導線架以分批（大量整體處理）
　　進行搬運的方式，將數十張導線架固定，並在有與電力連接的狀態
　　下使用可用來處理的搬運工具（Rack），即可從鍍膜槽以及前後化
　　學處理液槽等水洗槽處理到乾燥的整個過程中，以皮帶運送方式進
　　行搬運作業（圖 3-B）。未來持續朝大量生產發展。

●圖 3-B　鋼架方式之外裝處理槽

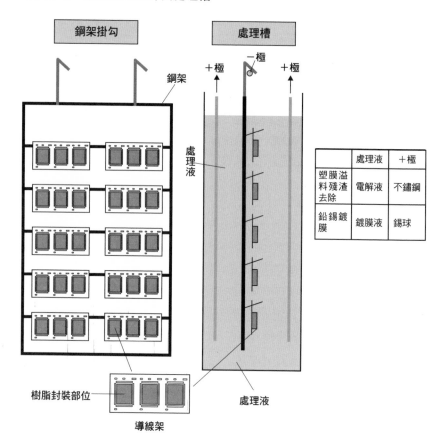

導線架掛勾　　　　處理槽

鋼架

＋極　　－極　　＋極

處理液

	處理液	＋極
塑膜溢料殘渣去除	電解液	不鏽鋼
鉛錫鍍膜	鍍膜液	錫球

樹脂封裝部位

處理液

導線架

(b) 導線架搬運方式：近來，在短時間內搬運少量、多品種的導線架搬運方式儼然成為主流。由於這種方式是將一片片的導線架以傳送皮帶運送，經由鍍膜液、其他前後化學處理液及水洗等處理製程後，再使其乾燥，因此裝置的規模小、容易自動化，最大的優點是能在短時間內進行每一片導線架的鍍膜處理。

2. **導線架封裝之導線端子形狀整理裝置**

　　從已經完成外裝鍍膜加工的導線架，將各個 IC 切斷分離出，再將導線配合 IC 封裝的最終形狀後，彎曲成形之製程（圖 3-C）。

●圖 3-C　導線端子加工製程（DIP 之範例）

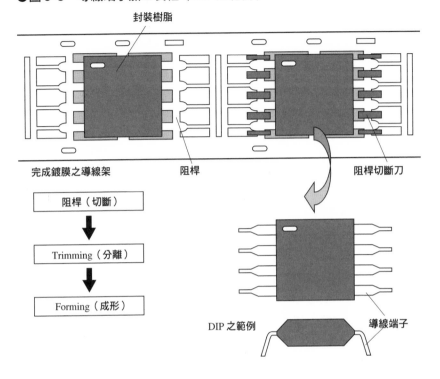

封裝樹脂

完成鍍膜之導線架　　　阻桿　　　　　　　　阻桿切斷刀

阻桿（切斷）

↓

Trimming（分離）

↓

Forming（成形）

DIP 之範例　　　　　　導線端子

(1) 阻桿切斷裝置

在樹脂封裝製程中，注入用來將上下方金屬板與導線架緊密接著之樹脂時，會使用阻桿（Dam Bar，亦稱之為 Tiber）抑制樹脂從導線架的厚金屬板間隙流出，以及將流至阻桿的樹脂以壓力機切斷後除去。

用金屬板將導線架的導線端子部位壓入後，用壓模及切斷刀（打孔機）切斷端子間的阻桿。由於該打孔機的打孔幅度非常窄小，在導線端子間隔（端子節距）為 0.5mm ～ 0.4mm 時僅有 0.3mm ～ 0.2mm，且必須將壓模與打孔機的間隙精確度控制在數 μm 之內，因此高晶密度的金屬板零件組成精確度與以切斷刀等零件耗損管理等金屬板加工技術與金屬板維護管理都會影響到品質的精確度狀況。當節距為 0.5mm 時，打孔機的幅度為 0.22mm，因此當節距為 0.3mm 時，打

孔機的幅度為 0.1mm；又打孔機的壽命從 300 萬 Shot 變為 100 萬 Shot，因此無法達到實際的量產階段。此外，目前除了部分的製造商，一般技術水準的 0.4mm 節距 QFP 已經算是整體式銲錫迴流實裝技術的極限了。因此，在試作階段雖然也有 0.3mm 節距 504 支桿的封裝，但目前在大型 QFP 方面 0.4mm 節距 376 支桿已經算是實用上最常見的。

⑵ 導線組成（Forming）（彎曲成形）裝置

將導線端子前端以壓力機，切斷（Trimming）導線架，將導線端子依照封裝種類之形狀進行彎曲加工（導線組成）。已經被切斷用來支撐封裝主體之垂釣支桿的主體封裝，會依據搭載印刷配線板的方法，可大致區分為導線端子**插入式封裝型**與**表面封裝型**。此外，表面封裝型還可以再區分為海鷗翅型及 J 導線型。

此導線彎曲成形的方法，可將封裝收納於成形金屬板的母模固定於已將導線前端切割成規定長度之執行作業部位，並且可將金屬板配合彎曲成假定之導線形狀，並且以打孔機將導線端子壓入導線成形部位，最後在框架狀態連續下對被搬運的 IC 進行加工。

目前在導線架方式之表面實裝型封裝中（特別是在印刷配線板上附有鉛錫的），最重要的是其導線前端部位的端子平坦度以及導線前端角度等的加工精確度。

3. 海鷗翅型封裝之導線端子平坦度與導線前端角度

⑴ 端子平坦度（Coplanarity）

是指將封裝平面放置時，其導線端子前端的浮沉量。由於進行表面實裝時，若浮沉量變大，則導線前端就不會接觸到配線板，因而使得鉛錫無法穩定地附著於配線板。因此端子平坦度是非常重要的一個影響項目。由於必須將端子的浮沉量控制在 80μm 以下，因此金屬板的精確度、彎曲打孔方式的精確度管理都是相當必要的。

⑵ 導線端子角度

將封裝平面放置時，導線平坦部位必須要有一些角度（約 8°），因此與平坦度管理一樣，金屬板加工精確度的管理也是必要的。

此外，在導線成形後的作業製程方面，舉例來說在電力選別檢測時，若與導線端子有所接觸，就會影響到導線形狀的精確度，於是進行基板實裝並且希望附著鉛錫時就會產生一些不好的影響，因此在電力選別檢測後也會採用導線成形製程。

●圖 3-D　海鷗翅型封裝之導線端子平坦度與導線前端角度

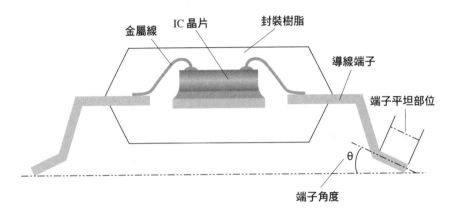

5-4 BGA 式封裝端子加工

附有球型、封裝切斷‧分離

隨著封裝端子數增加使得端子間的間隔變窄，便能從封裝的一邊取出許多端子。如前述，切斷堵住桿的切割刀厚度大約在 0.1mm 左右，為了維持包含刀刃的金屬精確度將會使得管理變得日益困難。

目前在導線架型的封裝中，最大支桿數為 476pin，雖然可以實用於端子間隔 0.4mm 的 QFP，但是無法用於 500pin 以上的封裝。

此外，若導線端子幅度小，導線成形後導線端子就會容易彎曲，過去若要在印刷配線板上附著錫鉛會產生一些障礙，現在普及的則是由附著有 IC 元件的樹脂基板取代導線架，以及在基板端子側面由錫球所構成之封裝。

雖然在 BGA 完成加工製程中是理所當然的事情，但是當導線架型封裝端子加工處理中已經完成所必要之樹脂封裝後，就不需要再進行導線外裝鍍膜及導線成形加工，而是必須讓錫球附著於封裝樹脂基板，並且進行封裝分離（切斷基板）。

1. 形成 BGA 封裝產品外部端子之錫球附著（搭載錫球、溶融錫球）裝置

在此所使用的錫球為目前一般主流的共晶錫球（圖 4-A）。我們會在放有錫球的槽內，藉由配合封裝端子焊墊之球吸附工具將錫球進行真空吸著處理，並且預先於已完成助焊劑塗布（Flux Coating）的封裝基板端子焊墊部位搭載錫球。此外，還有錫球搭載製程，是將被真空吸著之錫球的表面端浸置於助焊劑槽內，再於封裝基板的端子焊墊上暫時性地搭載錫球。

搬運通常是以封裝基板架為單位，其方法與導線架搬運同樣都會使用到已收納導線架的卡匣（收納導引）。讓搭載錫球的基板架通過加熱迴流爐，使錫球溶融後形成封裝基板之錫球。

2. 與一個封裝產品分
   離：封裝切斷、分
   離 （ 去 框 ：
   Singulation）裝置

●圖 4-A　附著錫球之 BGA 封裝

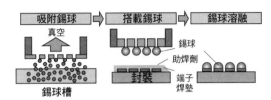

　　錫球形成後，如同
前述樹脂封裝製程
（BGA 封裝）之說明，封裝之切斷、分離可分為個別封裝型與整體封
裝型兩種方式。是以切斷用金屬壓力機，個別將樹脂封裝基板架的基
板連結部位切斷，以分離（去框）成為個別封裝的方法（圖 4-B）；並
且將整體樹脂封裝之基板架以鋸晶圓機（Dicing Saw）切斷其基板與封
裝樹脂，使其形成封裝形狀，而且必須分離成為個別的封裝狀態（圖
4-C）。

　　舉例來說，這些裝置方面可以與下一個製程的裝置進行組合，亦
出現從封裝切斷到洗淨、乾燥、甚至到運送用托盤為止一整組的裝
置。

●圖 4-B　BGA 封裝之切斷分離（個別封裝架範例）

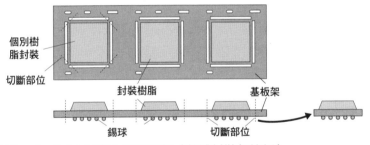

●圖 4-C　BGA 封裝之切斷分離（整體封裝架範例）

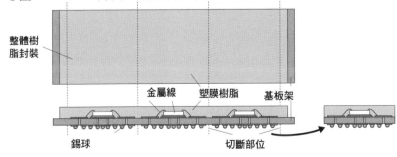

標記（Marking）

於封裝產品上標記姓名與地址

為了於 IC 封裝表面辨識商標（製造商）、原
產地、產品名稱、批次 No.等，就會以印字或是
文字刻印等方式來表示（Marking）（圖 5-A）。

●標記裝置

一般來說，標記作業會在半導體封裝的最
後才進行，然而記憶卡等產品會依據產品電力
特性進行等級區分標示，因此有時也會在電力
特性檢查後才進行標記作業。該標示方式可大
致區分為：墨水印刷以及雷射印字方式。

1. 墨水印刷（標記）裝置

在封裝的黑底上使用白色加熱硬化型或紫外線硬化型墨水將預定
標示之文字以孔版印刷方式進行標記。樹脂表面附著有助焊劑類之金
屬離型劑（包含塑膜封裝樹脂），過去都是採用有機溶劑來去除該助焊

●圖 5-A　封裝標記範例

於 IC 封裝上標示出商標、原產地、產品名稱、批次 No.
　◆記憶卡等產品，會在選別製程內進行，Logic 等產品則大多
　　於封裝中進行。

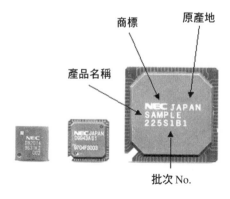

商標　　原產地

產品名稱

批次 No.

照片提供：芝浦メカトロニクス(株)

劑類的藥劑。

近年來基於環保等相關規定，已經使用氫炬（Torch）的方法代替有機溶劑將封裝樹脂表面之助焊劑燒除。裝置方面一般是一體成型的，是由在讓封裝表面燒卻、洗淨的氫炬部位，以及將墨水供給至轉寫滾輪、再將墨水樹脂塗佈於標記印刷版後，讓樹脂標記印刷版成為封裝表面的印刷轉寫部位，以及墨水硬化部位所組成，特別是紫外線硬化型在避免進行熱處理方面特別有力。

墨水印刷方式是在黑底上標示白字，雖然具有容易辨識的優點，然而在印刷時卻難以看到文字缺陷或是在後續的作業中可能會使文字變色，因而難以辨識。此外，由於在作業裝置中會使用到氫氣，因此必須特別注意到安全的問題，再者，墨水的污染以及有機溶劑等清潔也很費工，因此近來雷射標記方式遂成為主流。

2. 雷射標示（標記）方式裝置

將碳酸瓦斯雷射及 YAG（Yttrium Aluminum Garnet）雷射光線，照射至 IC 封裝表面使樹脂部分溶融後，即可印字標記欲顯示的文字。雷射標記是將雷射聚焦為一個光點，以一筆劃連續掃描的方式描繪文字，或是將雷射光整個照射於 IC 封裝表面，藉由已經描繪有欲顯示文字之金屬板或玻璃光罩，進行整體式印字的方式。

一筆劃方式的光源只要使用小型雷射即可，此外由於不需要事先燒好欲標記的文字，因此可適用於量少、種類多的生產。另一方面，由於整體光罩方式已經將欲標示的文字事先整體燒出，因此可以縮短作業時間，適用於量大、種類少的生產。

雷射方式雖然比墨水印刷方式的辨識度困難，但是由於較能夠抵抗機械、化學的變化，較不易消失，因此可以維持半永久的品質，可以說是用來改善包含設備清洗等作業環境、較環保的一種標記方式。

無接線接合中具有代表性之後段製程製造方法案例

TBGA 與 FCBGA

在前面章節中我們敘述了 IC 製造方式中最一般性的範例，即是形成 Au 金屬線圈來接合導線架與樹脂基板架等封裝基版與晶片之打線接合法，以及在封裝中以傳送模塑樹脂成形法製造塑膠（樹脂封裝）之封裝製造方法。接下來我們就針對無接線接合法之其他具有代表性的封裝技術為例進行介紹。

1. 使用 TAB 的 IC 封裝（TBGA）之製造方法範例

(1) 內部引線接合

將晶圓切割為單片晶片之 Al 電極以及已經完成 TAB 的 Au 鍍膜之內部引線，經由打線細管以超音波熱壓著方式與每一點進行接合。

(2) 支撐體附著

切斷已經捲曲於捲盤、完成內部引線接合之 TAB 膠帶（切斷膠帶），使其成為與導線架同樣尺寸的短管狀後收納於卡匣內。為了補強薄聚亞醯胺的 TAB 膠帶，會在包覆於晶片之聚亞醯胺材料上以接著劑附著於支撐體上。

(3) 樹脂封裝

也有一種是以傳送模塑方式進行樹脂封裝的情形，通常會先將液狀樹脂在分配器噴嘴的前端做適度的搖晃，再將樹脂隱密地充分灌注（注入）於膠帶開口部位的晶片及接續部位。此時，必須注意樹脂的流量，不能讓晶片內部的樹脂產生迴旋狀態，以及為了讓樹脂硬化，必須依照樹脂的種類以爐進行加熱或進行紫外線硬化處理。

(4) 附著錫球

將已經完成樹脂硬化後的 TAB 膠帶，依照前述的方法於其迴路面的外部電極部位安裝錫球，隨後將短管狀的 TAB 膠帶於完成樹脂封裝之個別封裝上進行切斷分離。

⑸ 安裝散熱板

個別切斷之 TAB-IC 封裝是於晶片內部以 Ag-Paste（銀膠），以及在週邊支撐材料方面以接著劑安裝能夠完全覆蓋於整體封裝尺寸之散熱板，待成為 TBGA（TAB 類之 BGA 封裝）產品後再送至電力檢測。

●圖6-A　使用 TAB 的 IC 封裝之組合例（TBGA）

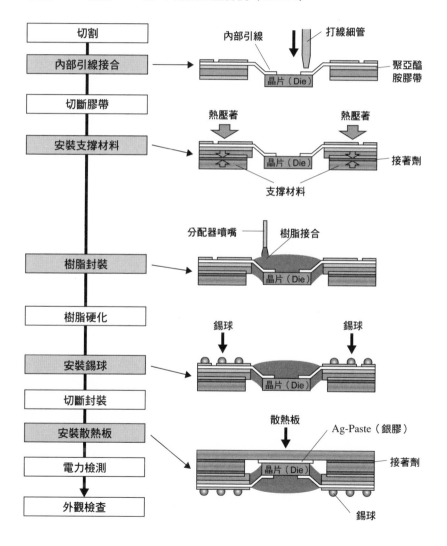

2. FCB IC 封裝（FCBGA）之製造方法範例

　　FCB 方法中的凸點（Bump）形成方法，如先前所述雖然有各式各樣的方式，但是一般使用於高性能 IC 時，會於晶片電極上設置 Pb-Sn 之**共晶鉛錫**方法。

(1) 凸點形成（隔離膜形成）

　　在半導體前段製程中，會在晶片的凸點裝置部位，藉由濺鍍裝置形成 Ti（鈦）及 Pt（白金）之隔離膜。隨後，在晶圓狀態下藉由鉛錫糊劑之印刷方法以及前述之錫球附著安裝等方法，在數千個電極部位上安裝錫球。此外，也有一種是在晶圓切割後形成鉛錫凸點的情況。

(2) FCB

　　於高性能 IC 用多層配線封裝基板上，將已安裝鉛錫凸點之晶片反轉後放置於封裝基板所預定之接合位置，再以加熱處理方式進行鉛錫接合（通常欲與晶片接合的錫球會使用高融點的鉛錫材料，其接合強度是可維持到後段製程中也不會因加熱處理而融解的接合狀態）。

(3) Under Film 樹脂填充

　　FCB 接合後，為了補強接合部分，會將液狀樹脂填充（Under Film）流入晶片下方與封裝基板的間隙，以固定晶片。

(4) 安裝散熱板

　　將散熱板接著於晶片內部以及封裝基板周圍部位。

(5) 附著錫球

　　一般會根據前述方法將 60：40 的共晶錫球安裝於封裝基板之外部端子部位，使其成為 FCBGA（Flip Chip BGA）封裝產品後，送至電力檢測。

(6) 各式各樣的 Flip Chip 接合

　　此 Flip Chip 實裝中，具有代表性的是 Flip Chip 凸點與接續材料之組合，其他還有鉛錫－鉛錫接合、金屬－導電性樹脂接合、金屬－金屬壓接接合、金屬－鉛錫接合等（圖 6-C）。

●圖6-B　使用 FCB 之 IC 封裝組合範例（FCBGA）

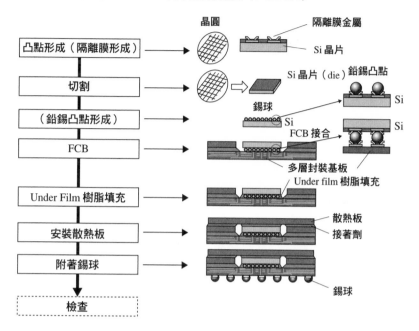

●圖6-C　各種 Flip Chip 實裝方法

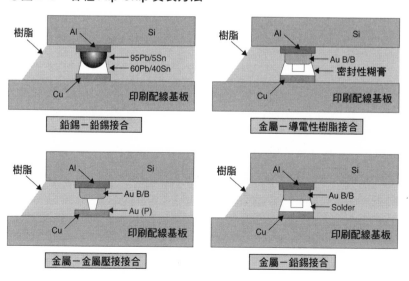

3D 晶片堆疊構裝

晶片堆疊之高密度、高性能化

通訊、資訊處理的內容已經從文字資訊逐漸複雜到有影像、聲音、動畫等,因此必須要能夠高速傳送大容量的資訊。伴隨而來的是,半導體產品為了因應行動資訊機器之高機能化與小型化,也必須從現有將複數半導體晶片平面配置之 2D 實裝技術進步到可以將複數晶片堆疊之 **3D 實裝**技術。縮短零件間的配線長度,是為了因應裝置動作所增加的頻率,並且提升搭載零件實裝面積效率的系統,因此亦出現了晶片堆疊類的封裝方式。

晶片堆疊(Stacked)型是指將 2 個以上的元件堆疊,能提升晶片實裝面積效率、被稱之為 MCP(Multi Chip Package)的封裝產品。已經實用化的 **MCP** 實裝範例中,是將晶片進行 2 階段的堆疊,在該情況下的晶片實裝面積比率已經達到 100% 以上。

再者,在 3 階段堆疊中,實裝面積能夠變得比裸晶封裝(Bare Chip)的總面積小。目前晶片與基板的接合,一般會使用打線接合(WB)的方法。

或是在無接線接合方面,亦開發了將 Flip Chip 接合(FCB)方法,以及在晶片架區域中形成貫通孔,設立一個導通用的孔穴(通孔:Through Hole)接合技術(圖 7-A)。

目前使用堆疊晶片的產品主要是行動用的手機,外型上通常會使用被稱之為 FBGA 之 BGA 超小型封裝(Chip Size Package)。通常除了 BGA 組裝技術外,還需要以下兩種技術。

1. 藉由 3D 堆疊使晶片得以薄型化:比紙更薄的晶圓

一直以來,為了能在封裝中收納多張晶片,晶片的薄型化與否是最重要的一件事。

必須在前面所敘述過的**背面研磨**(Back Grinded)製程中,將晶圓**背部研磨**至 100μm 以下的厚度(50μm 左右)。

此時,在研磨加工製程中,可能會有加工歪斜、線條痕跡等加工損傷以及讓晶圓週邊有所缺陷之情形。這些加工損傷層,可能會回到

晶圓上，或是導致強烈的惡化狀況，並且在後續製程中的搬運及作業中可會刮傷晶圓表面，因此去除這些加工損傷層會比以往的封裝作業來得重要。

　　研磨晶圓時，由於已經去除部份有所歪斜以及有裂痕的表層，因此也可以用化學蝕刻法來處理，可用於簡單的乾式拋光（Dry Polishing）方法。

2. 亦可用於同一尺寸的晶片堆疊：Si-Spacer 與逆接合

　　在堆疊晶片之打線接合方面，線圈形狀低且會形成一個檔面的形狀，必須控制在一定的高度內。

　　在越上層的部位放置越小型的晶片，將晶片堆疊成金字塔形狀較為容易，若為相同面積或是欲接合一些小面積的晶片時，就必須使用在晶片間夾入 Si-Spacer 的打線接合方法，以及將小型晶片視為 Flip Chip 後進行接合。

●圖 7-A　3D 堆疊晶片類的 MCP 例

打線接合型

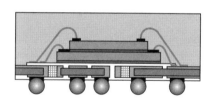
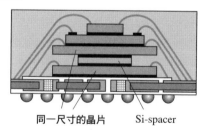

同一尺寸的晶片　　Si-spacer

無接線接合型

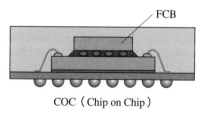

FCB

COC（Chip on Chip）

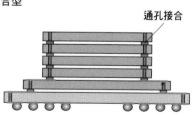

通孔接合

前者會先在下一階段的半導體晶片完成打線接合後，將 Si-Spacer 貼附於上，並在其上方貼附下一片半導體晶片後完成第 2 階段的打線接合。一般的接合會在晶片端進行初次接合（First Bonding），待打線的啟動強度維持到某種程度後，就會將打線延伸到基板導線端以便進行第二次的接合（Second Bonding），由於啟動了最初的打線因此線圈數會變高（通常為 300μm 左右）。

為了提升低線圈數，必須進行 Au 線材質及打線接合線圈軌跡之軟性改良。可於 99.99％ 的 Au 線上添加微量的添加物質，使其成為高強度的 Au 線材料，改良成為即便高度較低也不會下垂的線圈。

此外近年來，會先在基板導線端進行初次的接合，再將打線延伸到晶片電極端後才會進行第二次的接合，然而第二次的接合端已經可以採用低線圈的形狀，不用再維持線圈高度了。由於這種方式和一般的方向相反，因此亦稱之為逆接合（圖 7-B）。

●圖 7-B　以逆接合方式接續相同尺寸之晶片堆疊實施範例

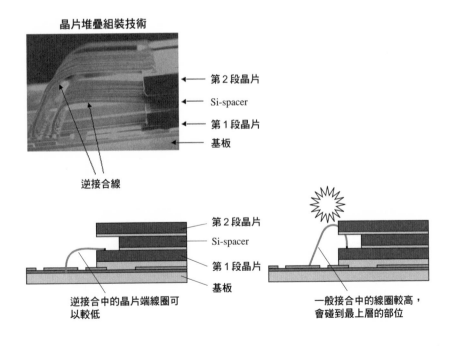

晶片堆疊組裝技術

←　第 2 段晶片
←　Si-spacer
←　第 1 段晶片
←　基板

逆接合線

第 2 段晶片
Si-spacer
第 1 段晶片
基板

逆接合中的晶片端線圈可以較低

一般接合中的線圈較高，會碰到最上層的部位

　　電子資訊技術時代的主角──電子資訊行動機器之超小型輕量化競爭已經成為今日電子資訊產業的盛事，「實裝技術」因而成為半導體元件的次微米（Submicron）世界以及實裝機板的數百微米世界間的介面，其開發程度已經可以直接與電子資訊機器產品之差異化策略作連結。

　　根據以往對「實裝」的狹義定義，所謂「Jissco（電子實裝技術）」是指於印刷配線板上搭載（Mouning）鉛錫零件之技術，但是以目前的廣義來解釋，則是指『為了實現必要性能之電子機器，半導體前段製程之再配線技術（Interconnecting／Rerouting）、凸點形成技術（Bumping）、半導體元件及電子零件封裝階段之接合技術（Interconnecting／Bonding／Packaging）、將元件（半導體、被動、光線等）零組件印刷配線板之搭載技術（Assembling／Mounting）、組裝印刷迴路基板之電子機器筐體組裝技術（Packaging／Assembling），再者還有冷卻技術等各種原有之實裝技術以及為了達到最適狀態，必須統合所有構成電子機器之材料、印刷配線板、各種電子零件，並且在各個階段中以橫斷且有機的方式結合帶有電力的、熱能的、機械設計・模擬技術之實裝系統統合設計技術』（圖）。

●何謂實裝技術？（廣義）

以有機方式將半導體、電子零件、半導體封裝、印刷配線板、設計等各個技術連結之最適化實裝系統統合設計技術

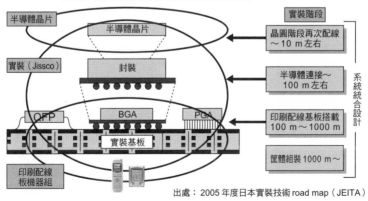

出處：2005 年度日本實裝技術 road map（JEITA）

晶圓階段之封裝

後段製程中，直接以擴散製程製造晶圓的方式

1. 直接將晶圓組成封裝產品：WLP

晶圓級封裝（Wafer Level Package：WLP）是在晶圓狀態下從再配線到樹脂封裝、形成錫球外部端子，並且藉由切割裝置使其成為單片晶片，是製造實體晶片大小（Real Chip Size）FBGA（BGA 型之CSP）的一種製造方法。

應用 Flip Chip IC 製程技術中的「在晶圓狀態下到半導體組裝最終製程處理完成後，製造單片封裝之封裝技術」，其擁有與 Flip Chip IC 相同外型之型態與特徵（優點及所面臨到的課題）。富士通將 FBGA 稱之為「Super CSP^{TR}」，其最初所適用的 WLP 是在晶圓階段進行傳送模塑樹脂封裝，使用與過去的 BGA 生產線幾乎相同的一貫製造生產線方式，其最大的特色是會於錫球部位設置 Metal-Post 以緩和實裝時的熱應力，可以說是一種劃時代的製造方法。

WLP 是為了達到半導體封裝所寄望的低成本化所開發出的一種製程方法。過去會使用從晶片切出的單片半導體晶片（Die 或 Chip），並將其搭載於封裝基板上，再與外部端子進行電力接續（打線接合）、樹脂封裝等，以晶片階段的流程進行半導體後段製程。

此 WLP 是在晶片狀態下完成與外部端子進行電力接續（再配線與凸塊（Bumping）)、樹脂封裝等半導體後段製程後，進行使各個封裝分離之晶圓階段製程（圖 8-A）。所使用的半導體前段製程配線技術是以連接晶片電極與外部端子之再配線技術來取代打線接合之基本技術（目前為止與過去的 Flip Chip IC 製法相同）。

之後，將錫球附著樹脂封裝，並在晶圓狀態下處理到檢測為止的半導體後段製程成為了 WLP 的一大特色。也就是說，晶片再配線以及晶片電極凸塊之半導體前段製程技術，成為了半導體後段製程封裝技術的一部分，是為一種劃時代的技術。

在該晶圓階段製程處理中，由於必須根據晶圓狀況來決定其加工費用，晶圓良品數量較多即可實現在 100pin 左右、I／O 數較少之記

憶卡，以及 RF Device 等低成本化期望。

2. 晶片尺寸之最小封裝：晶圓階段之 CSP

　　已經完成之成品雖然被稱作是晶圓階段之 CSP，但在技術性的分類上則為 FBGA，且只能擁有實體晶片大小（Real Chip Size），技術方面的課題則在於無法達到 Flip Chip IC 之境界（圖 8-B）。然而，WLP所製造的封裝和過去的封裝一樣①能夠作整體式的迴流、②可成為專欄中所描述「品質保證之裸晶封裝（Bare Chip）」（KGD）替代策略方案。

●圖 8-A　具有代表性的晶圓階段封裝製程順序

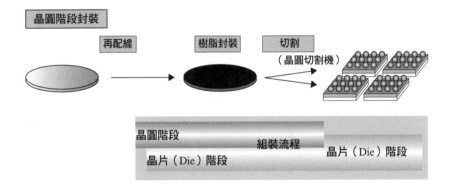

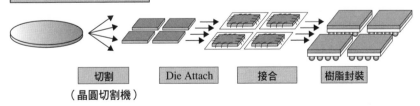

出處：日本實裝技術 Road Map 1999 年版

此外，③為了因應基板實裝後的熱應力，在進行高密度裸晶封裝代表之 Flip Chip 實裝時，晶片與基板間雖然填充有 Under Film 材料，但是根據 WLP 技術進行封裝時，其特色是可於錫球接合部位以鍍膜方法將 Metal-Post 提高到 100μm 左右，即可具有緩和熱應力效果。

然而，現有的球型端子間距從 0.5mm 到後來更進一步朝向窄孔化，因此若與現在的 Flip Chip IC 標準端子間距同樣達到 0.24mm 以下時，則藉由 WLP 所製造之 IC 與 Flip Chip IC 兩者間的特徵幾乎沒有差異。

此外，即便是現有的 WLP 技術也有幾乎無法與 FC 製造技術區分的製造工法。在這樣的情況下，就會再次完全重現 Flip Chip 實裝技術的問題，例如：①因為 KGD 技術尚未完整、成本較高、②實裝技術必須要有特殊的基礎設備、③無法建立晶片外型的標準化（互換性）等。

●圖 8-B　具有代表性的晶圓階段封裝以及 Flip Chip 之錫球部位構造

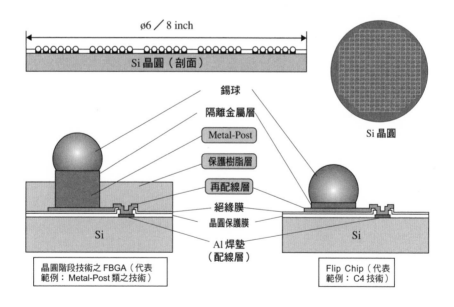

裸晶使用 MCM（Multichip Module）時所面臨到的最大課題是，是否擁有 **KGD**。 KGD 的定義是「保證與封裝品擁有相同品質」（依據 EIAL 發行之 MCM ／ KGD 技術相關 Road Map 1999 年版），是為了實現良品模組之前提條件。使用最前瞻製程的晶片時，由於製程尚未成熟、整個過程尚未穩定，因此如果不先進行預燒製程、去除掉初期不良的晶片，則含有不良品之實裝多片裸晶在進行 MCM 化時，其模組良品率累積起來就會變得非常低。

目前，與已經完成封裝之晶片比較起來，用來處理 KGD 之專用工具、設備、生產線都成為必要之重要因素，由於電力檢測成本變高，其價格也會變得比已經完成封裝之晶片來得高。然而，今後隨著晶片階段、晶圓階段之檢測技術發展，期待未來成本能壓到與已經完成封裝之晶片同等以下。此外，裸晶並不是唯一的替代策略，也可以用 KGD 來替代，將 WLP（Wafer Level Packaging）技術用於實體晶片大小封裝；隨著實體晶片大小封裝普及，預計今後該型態的 MCM 可能會增加。

JEITA 亦將裸晶檢查、品質保證等級予以排行如下。

Level	名　稱	內　容
1	KGD（Know Good Die）	保證與封裝擁有相同品質。
2	KTD（Known Tested Die）	與封裝進行相同的探針檢測。非保證對象。
3	PD（Probed Die）	只有規定部分檢查項目。非保證對象。

（依據 JEITA 日本實裝技術 Road Map 2001 年版）

目前，有部分 MPU 等高附加價值晶片用於裸晶實裝，雖然市場有達到 Level 1，但是幾乎在所有情況下，市場中的裸晶都僅在 Level 3。這樣的晶片由於晶圓製程成熟、流程穩定使得晶片品質上也相當穩定，因此即使僅經過 Level 3 的簡易檢查，在實際使用上也不會有問題。

半導體檢查製程

　　半導體產品的檢查，是為了確認前段製程到後段製程中各個製程所產出的狀況。在前段製程中，會測量 LSI 內各部分的尺寸、位置關係、抵抗值、雜質濃度等基本數據。在晶圓的最終製程中，則會測量基本的電力特性，以判定晶片的良莠與否（晶圓檢測）。進入後段製程階段，就會檢查以切割製程分割之各個晶片是否有損傷、迴路圖形狀況等外觀上是否有所缺陷，待前段製程中製造之晶片檢查完成後，僅將良品晶片送入後段製程。後段製程中會在每一個製程檢測其外觀（晶片・封裝・外部端子・標記標示的傷痕、髒污等）、及其他各項特性（晶圓厚度、接合之接續強度、鍍膜等），若判定為不良品則予以去除。完成製造製程的封裝產品最後會進行電力特性檢測以及封裝之外觀、尺寸檢測，只有良品才得以出貨（圖9-A）。

●圖9-A　LSI 選別檢查製程概要

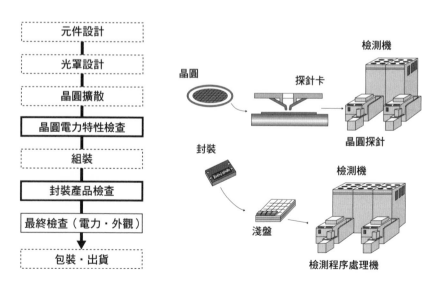

用來進行這些晶圓產品或是封裝產品的電力檢查裝置是由內藏可用來測量電力特性之電腦檢測機以及用來處理產品（晶圓或封裝）之程序處理機所構成，以進行各個晶片之電力特性檢查及良莠與否判定。檢測內容及檢測種類會因對象產品種類各異。

1. 組裝前晶圓檢查工程所使用的裝置範例

　將已經完成擴散、配線處理之晶圓，在晶圓狀態下針對每一片晶片進行電力方面的良品、不良品判定。藉由封裝前之檢測，能夠早期回饋到擴散製程，並且亦能夠試圖降低在組織製程後的耗損成本（Loss Cost）。

⑴ 晶圓探針

●晶圓探針

　是指檢測主體之檢測頭部位、作為晶片接觸端子之探針卡、以及與晶片接續之處理裝置（圖 9-B）。將已形成之數百片晶片搬運至指定的位置，並且調整到與測定部位之探針卡工具相同位置後，將探針的前端壓至晶片電極部位即可測量晶片電力特性。

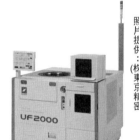

照片提供：(株)東京精密

⑵ DC 參數檢測（DC Parametric Test）

　可藉由電流印加電壓測量或是電壓印加電流來測量各個晶圓上多個晶片的 MOS 基本特性等，並去除不良之晶圓。

（3）記憶檢測機

　將已經完成 DC 參數檢測之優良晶圓上所有晶片，進行迴路動作與電力特性檢查。記憶檢測機雖然可以變更記憶動作狀態之電壓、訊號、寫入圖形等條件，但是與微電腦的邏輯檢測有所差異。

　近年來的記憶元件（Memory Devices）已經具有能夠同時測量 64 ～ 128 片晶片的功能，目前市場上也出現能夠與晶片進行電力接觸、100pin 以上之懸臂式（Cantilever）探針卡。此外，由於在邏輯元件（Logic Device）的情況下，使用面矩陣方式可以在 1 片晶片上排列出數千 pin 的電極，因此也有一種是使

●記憶檢測機

照片提供：(株)アドバンテスト

用垂直式探針，可以接觸到晶圓上所有電極，並進行晶圓階段檢測的方法。

檢查完成後的晶圓不良品，會被送至破壞或標記裝置打上標記，如此一來於後段製程切割後，欲進行晶片外觀確認時，即可方便去除不良之晶片。此外，也有一種是在每一片晶圓上紀錄不良晶片所處的位置，在進行外觀確認時，即可自動檢測出不良品的系統。

●圖 9-B　檢測機～探針～晶圓之接續

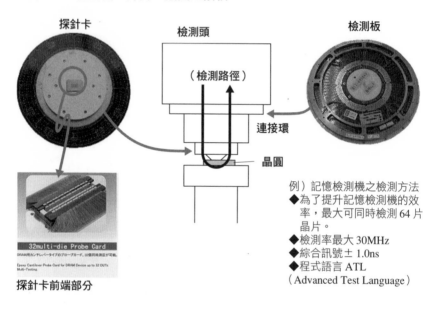

例）記憶檢測機之檢測方法
◆為了提升記憶檢測機的效率，最大可同時檢測 64 片晶片。
◆檢測率最大 30MHz
◆綜合訊號± 1.0ns
◆程式語言 ATL
（Advanced Test Language）

探針卡前端部分

2. IC 產品出貨前之封裝產品檢查製程所使用之裝置範例

完成後段製程後之封裝產品，會讓其晶片在高溫、高電壓狀態下動作以檢測出初期不良產品，並選定其為良品或不良品。不只是 IC，一般產品的故障發生狀況都可以用**浴缸型故障率曲線**來表示（圖 9-C）。尤其是 IC 可以用於所有的電子儀器，因此若在市場上發生故障，將可能會與重大事件有所連結。

●圖9-C　浴缸型的故障率曲線

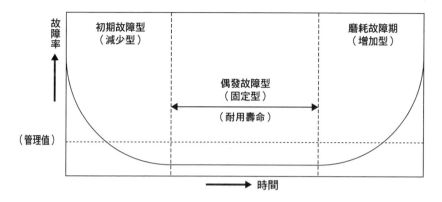

(1) 預燒系統

　　IC 產品出貨前必須讓晶片動作經過高溫、高電壓檢測，使初期不良狀況提早發生並予以去除，此動作是為了確保封裝產品的信賴度。預燒裝置所謂的高溫槽與搭載封裝產品之**預燒**基板，皆可用於處理之接頭插拔檢測機（圖9-D）。

●圖9-D　預燒系統

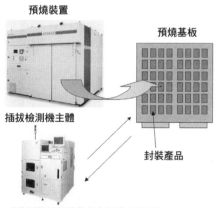

(2) 預燒裝置

　　記憶產品，與檢測機同樣是於預燒基板上的插頭搭載封裝產品，並且具備有使其動作之訊號產生器、圖形產生器、驅動迴路、比較器

迴路（Comparator）、電源。與檢測機不同的是，一次會將數十片預燒基板放入預燒裝置，以處理數千個封裝產品，因此會擁有很多種Driver／Comparator 迴路，並且具有能控制高溫槽的溫度控制功能。

　　微電腦以及 SoC 產品等方面，必須要有能使邏輯元件動作之圖形產生器。預燒系統可以有以下的方式。

a）靜態（Static）預燒：在高溫狀態下，僅施加一定的電壓，不使其進行迴路動作。若用於邏輯產品方面，由於靜態預燒會活化與記憶產品不同的元件迴路，因此不容易充分產生圖形或訊號，且因為封裝的多樣性、多 Pin 化等所產生的困難點也多，即便是去除了部份的高機能產品，也無法執行具有真正圖形產生器之動態預燒作業。

　　另一方面，記憶產品方面則主要使用以下的方式。（圖 9-E）

b）動態（Dynamic）預燒：曾經是在高溫狀態下，將施加 AC 電壓、動作的簡單方式。

c）控制（Monitor）預燒：最近會在上述之輸入端子上輸入警示訊號，並使內部迴路動作，以進行出力端子狀態控制與判定之方式。

d）檢測（Test）預燒：近年來，記憶產品之動作監控機能蓬勃發展，印加電壓並在高、低溫狀態下保管一定時間後，即可進行簡單之檢測。藉由數次反覆的方法，能夠減輕記憶產品檢測負荷之檢測預燒裝置遂成為主流。是一種將檢測速度較慢且必須長時間檢測的項目以預燒基板進行檢測的方法。檢測預燒會在各個基板上標示插座的辨識號碼並且保管將檢測結果檔案，待檢測結束後會以插拔機將良品與不良品與以分類。

⑶ 預燒基板

　　一般 30cm ～ 50cm 大小的大型印刷配線基板可以搭載許多個插入封裝產品之插座，並且設置有可使封裝產品進行動作的電源及訊號配線。

　　封裝產品於燒基板專用插座之插入、拔除作業，會使用一種叫做插拔機的自動化機器人處理裝置。

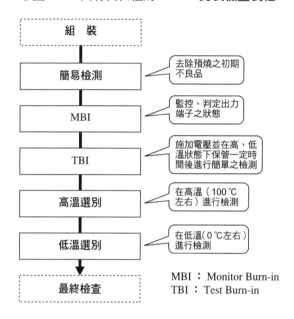

(4) 選別檢測

藉由測量電力特性之檢測機與處理產品（封裝）之程序處理機，可進行各個晶片之電力特性檢查並且判別其良莠與否。檢測的內容、種類會根據對象的產品種類而有所不同。

關於機能、特性等通常會依據產品的規格書（Data Sheet），採用比產品保證階段更嚴苛的條件（溫度、動作頻率、電源電壓等從最高到最低）組合成各式各樣的檢測形式後進行檢測。

一般來說，會和檢測機＋探針機的形式一樣，例如『以 1 檢測機＋2 程序處理機形成 1 個檢測系統』。在進行量產時，檢測頭部份就會如同懷抱著程序處理機般接續在一起。程序處理機會讓進行檢測之封裝產品溫度維持在高溫 85℃ 到低溫 0℃ 以下，通常會在記憶檢測時同時進行多個檢測（上述系統可同時檢測 128 個～ 256 個封裝產品）。

使用此程序處理機進行高溫及低溫檢測後，會再分類出良品與不良品，最後僅將良品予以出貨。

用語解說

KGD（Know Good Die）

被定義為「保證與封裝品擁有相同品質（裸晶）」（EIAJ），JEITA 亦將裸晶檢查、品質保證等級予以排行。對於搭載多層次晶片之封裝（MCP）及模組（MCM）來說，是影響完成品狀態之重要技術。

RoHS

根據 EU（European Unit）指令，揭錄有關禁止使用鉛（Pb）、汞（Hg）、鎘（Cd）、六價鉻（Cr^{+6}）等有害物質使用規則（Restriction of Hazardous Substances：RoHS），世界趨勢方面針對無鉛化部份已經進入實用化階段。從環保的觀點來看，原本含鉛的外裝鍍膜製程，全世界也都逐漸會改為無鉛的方式。主要是採用 Sn-Ag 型鉛錫、Sn-Ag-Cu 型鉛錫、Sn-Bi 型鉛錫取代 Su-Pb。

Under film 樹脂填充

為了固定晶片，將具有金屬凸點之 Flip Chip 以面朝下接合方式與基板接續後，於晶片及基板間（晶片下方）填充樹脂，並使其硬化。

晶圓級封裝（Wafer Level Package）

是在晶圓狀態下從再配線到樹脂封裝、形成錫球外部端子，並且藉由切割裝置使其成為單片晶片，是製造實體晶片大小（Real Chip Size）FBGA（BGA 型之 CSP）的一種製造方法。

海鷗翅型

以橫向來看封裝端子形狀的剖面，有點像是海鷗（Gull）張開羽翼（Wing）的形狀因而得名。是表面實裝型中附有導線端子 IC 封裝之代表範例。還有 QFP、SOP 等。

3D 晶片堆疊

將 2 個以上的元件堆疊（晶片堆疊：Stacked Chip），能提升晶片實裝面積效率；是適用於被稱之為 MCP（Multi Chip Package）的封裝產品的技術。

已經實用化的 MCP 實裝範例中，是將晶片進行 2 階段的堆疊，在該情況下的晶片實裝面積比率已經達到 100% 以上。再者，在 3 階段堆疊中，實裝面積能夠變得比裸晶封裝（Bare Chip）的總面積小。

樹脂封裝

亦稱之為塑膜封裝（Molding）。從外部環境保護半導體晶片，因此以有機樹脂材料製作一個存取方便的封裝外型。一般來說會用於傳送模塑成形方法。

端子加工

用來形成封裝之外部端子。導線架型的封裝會於鉛錫鍍膜後,將導線形成所期望之形狀。再於 BGA 型的封裝中安裝錫球。

端子平坦度(Coplanarity)

是指將封裝平面放置時,其導線端子前端的浮沉量。由於進行表面實裝時,若浮沉量變大,則導線前端就不會接觸到配線板,因而使得鉛錫無法穩定地附著於配線板。因此端子平坦度是非常重要的一個影響項目。

傳送模塑

此為塑膠 IC 外形成形方法的代表性技術。此方式與做鯛魚燒的原理相同,上下各設置一塊金屬板,再設計用來因應導線架半導體晶片部位所固定之形狀,將導線架半導體的晶片部位收納於其中。藉由數十噸的塑型壓力,將上下金屬板與導線架緊密接著。以加熱筒將溶融之樹脂以加壓機加壓、押出,透過澆道(Runner),將樹脂填充於已經將半導體晶片收納於其中的母模內,以形成固定之形狀。

阻桿(Dam Bar)

在樹脂封裝製程中,用來抑制樹脂從導線架的厚金屬板間隙流出的阻桿。會與導線架外部導線間連結,並設置一個與封裝外型接近的柵欄(亦稱之為 Tiber)。

預燒檢測(Burn-in Test)

IC 產品出貨前必須讓晶片動作經過高溫、高電壓檢測,讓半導體晶片初期不良狀況可以提早發生並予以去除,此動作是為了確保封裝產品的信賴度。預燒裝置所謂的高溫槽與搭載封裝產品之預燒基板,皆可用於處理之接頭插拔檢測機。

導線端子角度

將封裝平面放置時,導線平坦部位必須要有一些角度,因此與平坦度管理一樣,金屬板加工精確度的管理也是必要的。

導線架

通常會是數百 μm 厚的金屬薄板形狀,是在蝕刻或是加壓加工形成 IC 封裝的主要材料。將與半導體晶片電極接續電力之導線(內部導線及外部導線)以及將半導體元件固定之晶片架(Die Pad)組成一組,組成多組後就會變成設置於短管狀金屬薄板上之金屬架。

INDEX

國家圖書館出版品預行編目資料

看圖讀懂半導體製造裝置 / 菊地正典監修 ; 張萍
　譯 .--初版. -- 新北市 : 世茂出版有限公司, 2022.08
　　面； 公分. --（科學視界 ; 271）
　　ISBN 978-626-7172-00-1（平裝）

　　1. CST: 半導體

448.65　　　　　　　　　　　　　111008928

科學視界 271

看圖讀懂半導體製造裝置

監　　　修／菊地正典
譯　　　者／張萍
審 訂 者／羅丞曜
主　　　編／楊鈺儀
出 版 者／世茂出版有限公司
地　　　址／（231）新北市新店區民生路 19 號 5 樓
電　　　話／（02）2218-3277
傳　　　真／（02）2218-3239（訂書專線）
劃撥帳號／19911841
戶　　　名／世茂出版有限公司
　　　　　　單次郵購總金額未滿 500 元（含），請加 80 元掛號費
酷 書 網／www.coolbooks.com.tw
排版製版／辰皓國際出版製作有限公司
印　　　刷／世和彩色印刷股份有限公司

初版一刷／2022 年 8 月
　五刷／2023 年 8 月

Ｉ Ｓ Ｂ Ｎ／978-626-7172-00-1
定　　　價／350 元

ZUKAI DE WAKARU HANDOTAI SEIZO SOCHI
(C) MASANORI KIKUCHI 2007
Originally published in Japan in 2007 by NIPPON JITSUGYO PUBLISHING CO., LTD..
Chinese translation rights arranged through TOHAN CORPORATION, TOKYO..